本成果受到中国人民大学"中央高校建设世界一流大学（学科）和特色发展引导专项资金"支持，国家自然科学基金面上项目（项目号71373277、71774163）的阶段性成果

规划管理研究：
府际关系、组织行为与治理能力

李东泉　著

中国建筑工业出版社

图书在版编目（CIP）数据

规划管理研究:府际关系、组织行为与治理能力 / 李东泉著 . —北京：
中国建筑工业出版社，2020.11（2022.3重印）
ISBN 978-7-112-25283-1

Ⅰ.①规…　Ⅱ.①李…　Ⅲ.①城市规划－城市管理－研究－中国
Ⅳ.① TU984.2

中国版本图书馆 CIP 数据核字（2020）第 115041 号

　　本书将规划管理作为一种组织行为，以政府规划管理职能部门及其规划实施管理的实践工作为主要研究对象，从组织理论与治理理论的视角开展一系列研究。首先是关于组织变迁的理论基础，然后梳理我国城市规划管理的发展脉络，特别强调了与外部制度环境变迁的相关性。接着分别从组织内部、组织间以及央地关系等不同角度，结合具体案例，对组织行为应对制度环境变迁的努力进行实证研究。最后分析新的发展趋势，提出治理理论下规划管理改革的应对措施。

责任编辑:黄　翊
责任校对:王　烨

规划管理研究：府际关系、组织行为与治理能力
李东泉　著
＊
中国建筑工业出版社出版、发行（北京海淀三里河路9号）
各地新华书店、建筑书店经销
北京建筑工业印刷厂制版
北京建筑工业印刷厂印刷
＊
开本：787×1092毫米　1/16　印张：$10\frac{1}{2}$　字数：203千字
2020 年 10 月第一版　　2022 年 3 月第二次印刷
定价：**58.00元**
ISBN 978-7-112-25283-1
　　（36064）

前　言

　　现代城市规划是工业革命以来，人类为应对城市化带来的一系列城市问题而诞生的应用型学科。虽然其在中国近代被迫开放的过程中即传入中国，并在一些城市进行了试验，但中国现代城市规划体系主要是中华人民共和国成立之后，在新的政治体制和国家建设的框架下逐渐形成的。其间经历了"一五"计划的繁荣与初创时期，也经历了"大跃进"到"文化大革命"期间的曲折历程，于改革开放后迎来新的发展契机。20 世纪 90 年代以来的快速城镇化进程，给中国的城乡发展带来前所未有的机遇。但因为规划体制的改革落后于国家的政治经济体制改革，导致其不能及时应对中国社会经济转型带来的新问题。21 世纪以来，部分有识之士开始推动城市规划向公共政策转型。2006 年，建设部颁发《城市规划编制办法》（修订版），首次明确指出："城市规划是政府调控城市空间资源，指导城乡发展与建设、维护社会公平、保障公共安全和公众利益的重要公共政策之一。"这一新的认识在中国现代城市规划发展史上具有划时代的里程碑意义。但如何在规划决策和实施过程中体现规划作为公共政策的特质，一直没有得到很好的解答。

　　与此同时，随着我国社会经济发展转型期的到来，城市规划管理在实践工作中面临的挑战也不断增加，特别是"多规"冲突问题，使得关于现有的城市规划管理体系进行改革的呼声越来越高。最终，2018 年 3 月 13 日，国务院新一轮机构改革方案公布，其中原归属住房和城乡建设部（以下简称住建部）的城市规划管理职能，调整到新组建的自然资源部，并计划在原城市规划与土地利用总体规划的基础上，构建新的国土空间规划体系。这一举措既在意料之中，又在意料之外。广大城市规划从业人员一时不知何去何从，甚至不少人认为这一举措意味着城市规划的消失。为什么会有这样的重大转变？今后又应该如何应对？作为城市规划实践体系的重要组成部分，城市规划管理是城市规划编制、审批和实施等管理工作的统称，是政府的一项重要职能活动。其主要管理工作——城市规划的制定和实施——作为政府的一项重要的公共政策，反映的是政府应对城市问题、对城市建设和发展进行管理的能力，或者说是治理能力。面对新的发展形势，城市规划管理需要突破传统的技术思维定势，从作为政府治理能力的角度进行理论和实施途径探讨。基于上述原因，本书希望从新的视角，对提出的问题进行回答。

这个新的视角，就是作为组织及组织行为的规划管理研究。这是因为：

第一，城市建设与发展离不开城市规划，而规划的作用要通过实施来实现，规划实施过程本身是一系列有组织的行为，其中各级政府主管部门作为规划管理的主体，也是一种组织。实践告诉我们，一个城市开发或改造的成效如何，在很大程度上取决于管理部门的组织（同济大学，2001）。因此，规划管理在城市发展进程中的组织运行机制、组织间协调机制以及组织对外部环境的反馈机制，不仅是开展规划管理研究的基础性内容，也是保障未来城乡统筹发展、实现中国城镇化健康发展目标的重要内容之一。由于规划管理的主体是政府，这些机制在很大程度上受到府际关系的影响，而在中国的制度环境下，央地关系又是其中重要的影响因素。

第二，在中国快速城镇化进程中，城市发展中目标的多样化、利益主体的多元化和解决问题方案的复杂化给城市规划的制定和实施管理带来了巨大的挑战。在国家治理能力现代化的要求下，城市规划是多元利益主体参与城市发展决策并在其中进行利益调整、整合和博弈的过程。其中的规划编制作为多元利益主体协商并达成共识的技术手段或者说治理工具，能够更好地凝聚城市发展共识、合力实现城市发展目标。而治理目标的实现，在很大程度上需要组织间的合作，以及构建合理的组织与外部环境之间的关系，这是对政府治理能力的新的考验。

所以，本书的主要内容可以简单分为两部分，一是从新的视角对规划管理工作进行全新的解读，加强对规划管理现状的认识；二是在相关理论指导下，对规划管理工作的未来发展提出建议，希望为今后的规划管理实践提供参考。作者认为，城市规划作为城市发展与建设的依据，不会因为管理职能的调整而消失，反而会在新的"城市中国"时代更加重要。关键是业内人士应该认识到这种组织变迁的原因，更重要的是，在新的发展阶段，要根据新形势下城市发展与建设的需要，重新界定专业的内涵和边界，让城市规划发挥持久的作用。本书也希望为此作出一点抛砖引玉的努力。

本书是作者多年从事这一领域研究的成果汇总。在此过程中，特别感谢住建部规划管理中心、原住建部稽查办公室、中国城市规划学会、原常州市规划局新北分局、原广州市国土资源与规划委员会等单位，对调研工作给予的支持和帮助。在多年的研究过程中，作者指导的学生，李文倩、魏登宇、刘东颖、沈洁莹、陈伟、黎唯、王喆等，结合硕士或者本科毕业论文，做了与部分研究内容有关的文献梳理、数据收集与分析工作，使得这部书稿最终能够完成。

本成果受到中国人民大学"中央高校建设世界一流大学（学科）和特色发展引导专项资金"支持。

目　录

1 绪论：作为一种组织行为的规划管理研究

本书的研究对象主要指城市规划管理。在实际工作中，城市规划管理是一项综合性、系统性的管理工作，也是政府的一项管理职能。因此，本书中不论是研究视角，还是具体的实证研究内容，都侧重将规划管理看作政府行政管理部门的一种组织行为，揭示其实际工作中的组织间关系和组织内部关系。本章将首先对城市规划管理的定义作一个介绍，以便使读者能够将本书的研究侧重点与自己已有的知识体系建立联系，然后进一步说明本书的研究意义、研究框架和研究方法。

1.1 研究对象及研究意义

对城市规划管理比较权威的定义是：城市规划管理是城市规划编制、审批和实施等管理工作的统称（建设部，1998），是一项行政管理工作（全国城市规划执业制度管理委员会，2002），也是政府的一项重要职能活动，主要目的是实施城市规划，促进城市协调发展（陈晓丽，2007）。城市规划管理有广义和狭义之分。广义的城市规划管理被认为是贯穿城市建设全过程的管理活动。而狭义的城市规划管理，也就是通常所说的作为政府一项职能的规划管理工作，通常包括三部分内容：规划编制审批管理、规划实施管理（又称规划建设管理）和规划实施监督管理（又称规划实施监督和检查管理）。三部分的主要工作内容如下。

① 规划编制审批管理：主要负责制定规划方案。规划编制和审批是个连续的过程。规划组织编制管理是制定规划方案的前期管理工作，规划审批管理是制定规划的后期管理工作。为了保证规划的编制质量，还需要对规划设计单位进行资质管理工作。这三者是互相联系的。

② 规划实施管理：围绕从建设工程的计划、用地到建设而展开的管理工作，贯穿于建设的全过程。目前各类建设工程主要分为建筑工程、市政管线工程和市政交通工程三类分别管理。

③ 规划实施监督管理：主要负责建设工程规划批后管理和查处违法用地、违法建设工作。主要工作任务是执行行政检查，实施行政处罚。所以又称行政监督检查。

这三部分工作内容的划分，分别对应广义的城市建设活动时序的前、中、后期，贯穿城市建设活动的全过程，可以称为"三段式"管理模式（图1-1）。但在实际工作中，三者并不是彼此孤立的，而是一个互相关联的系统（图1-2）。

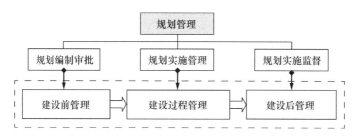

图1-1　城市规划管理工作内容所对应的城市建设过程

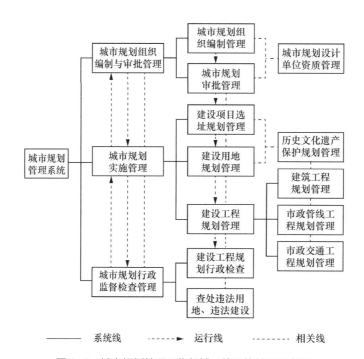

图1-2　城市规划管理工作领域系统网络关系示意图

（资料来源：全国城市规划执业制度管理委员会. 城市规划管理与法规［M］. 北京：中国计划出版社，2002.）

由于各组成部分之间的密切关系，本书的主要研究对象侧重从国家的城市规划体系的角度对城市规划管理进行研究（图1-3）。

脱胎于计划经济体制下的城市规划管理体系，在多年前就显示出相对于社会经济发展现实的滞后现象（李东泉，蓝志勇，2009）。在中国社会经济体制的转型过程中，城市规划面临比计划经济时代更加复杂的社会问题和矛盾，规划界也早有人认识到规划实施取决于制度环境，而非规划技术本身（施源，周丽亚，2008）。虽然自2006年就通过法规文件正式提出城市规划是政府的一项重要公共政策，也逐渐得到业内的广泛认可，但在实际工作中，这一认识迟迟不能实施到位。追本溯源，首先是因为我国的城市规划管理体系是在计划经济体制下成长起来的，原有的思维方式及相应的制度内容很难在短时间内作出调整和应对。其次，这一现象与缺乏深入的科学研究有相当大的关系，特别是缺乏社会科学的介入。虽然规划界早就有"三分规划七分管理"的说法，但实际上，中国城市规划的实践重规划编制、轻实施管理的现象长期存在。从业人员大多工科出身，管理方式也以技术管理为主，对规划管理的研究主要基于实践经验总结，缺乏来自社会科学领域的理论依据和实证研究。

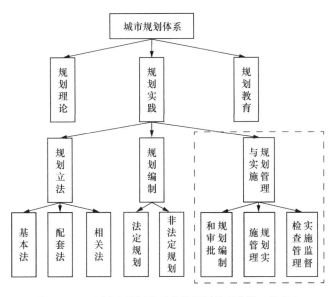

图1-3 国家城市规划体系中的规划管理实践工作内容

本书将规划管理作为一种组织行为，以政府规划管理职能部门及其规划实施管理的实践工作为主要研究对象，从组织理论与治理理论的视角开展一系列研究，是填补城市规划管理研究空白的一个努力。

如何理解将规划管理作为一种组织行为？广义来说，主要指政府施加于城市发展过程中的干预行为，包括控制、引导与促进城市增长等，可以引申为政府组织编制的各种规划以及规划的实施管理与实施监督；狭义来说，就是政府的规划实施管理，特别是以"一书两证"为核心的规划实施管理制度，因为只有规划实施了，才能对城市发展与建设真正发挥作用。20世纪90年代以来，随着市场化改革深化、城镇化进程加快，城市规划学科蓬勃发展，城乡规划体系也越来越庞大复杂，但其核心的制度内容才是政府规划管理能力的体现。这也是本书以此为主要研究对象的原因。

根据组织理论中制度学派的观点，作为一种组织行为，不论是机构设置还是行为方式，都与制度环境有密切关系。任何一种组织行为都是组织与制度环境互动下的产物。中国的城市规划管理作为政府的一项职能，除了普遍性的外部制度变迁之外，由于中国独特的国家主导下的工业化和城镇化进程，以及规划管理工作本身的综合性、系统性与复杂性，府际关系，特别是其中的央地关系是影响中国城市规划管理体系的重要制度环境。

治理能力可以认为是政府规划管理工作的成效，在新的发展背景下，则是对规划管理制度改革的一种期望。本书认为，实现城市日常运行和可持续发展的空间秩序是规划管理在当前中国社会经济转型下的改革思路与重新定位。既然是一种组织行为，在新时代的制度环境下，它的制度建设、机构设置都是置于国家治理体系和治理能力现代化的目标之下展开的，既是国家治理体系的一个重要组成部分，也是各级政府治理能力的具体表现。定位的转变，体现的是治理能力的变化；而这种能力的发挥，显然同样受到新时期府际关系的制约（图1-4）。

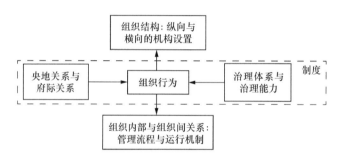

图1-4 规划管理作为一种组织行为的研究框架示意

1.2 研究框架

实施规划管理的主体是一种组织，主要是政府部门。而且，规划管理涉及不同的政府部门，例如在规划编制环节，联系比较密切的有发改部门、土地管理部门；在实施管理环节，有住建部门、交通部门、消防部门等；在实施监督环节，则是城市管理部门、法院等。所以，规划管理在实际工作中体现的是一种组织间的关系。但这一事实长期被我国城市规划界以及公共管理界的研究所忽略。前者只注重技术性工作，忘记实际上所有的技术性工作都是由特定组织承担的；后者并没有特意关注城市规划管理领域，而更多地将政府部门作为一个简化或抽象的统一体来对待，实际上不同的政府部门，由于其管理的领域或者说管理对象不同，管理方法也有很大不同，需要区别对待。本书将借鉴组织理论的研究成果，关注规划管理的主体，也就是作为一种组织的存在及运行机制等方面，并结合具体案例开展实证研究。研究重点包括以下两个方面。

（1）组织内部关系

规划管理组织内部的业务部门，通常按照规划编制与审批管理、规划实施管理和规划实施监督管理三部分内容进行组织架构。其中规划实施管理依赖"一书两证"制度进行管理流程架构，因此又细分为项目选址、建设用地规划审批和建设工程规划审批三个流程。本书将结合具体案例，分析目前政府规划管理部门组织内部的运行机制，并根据分析结果，论证现有的规划管理组织内部架构和管理流程不足以应对城市发展与建设实际需求的现实问题。

（2）组织间关系

对于政府这种组织来说，组织间关系也可以称为府际关系。广义上的府际关系包括纵向上中央政府与地方政府的关系、上下级地方政府之间的关系，以及横向上互不隶属的地方政府间关系和政府内部不同部门间的关系（杨宏山，2005）。在计划经济体制影响下，我国城市规划管理形成了"条块结合、以块为主"的组织结构。由于城市规划涉及城市发展和建设的方方面面，因此，在规划管理工作的各个层面、各个阶段都存在着如何与相关部门协同工作的问题。目前规划部门主要的横向协同关系，在宏观层面上是住建与发改、土地部门的关系；在微观层面上比较突出的是和消防、住建、房管、环保、卫生、交通等部门的关系。此外，各部门还分别要协调上下级的关系（图1-5）。

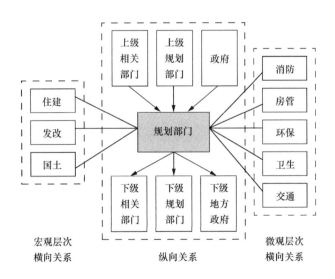

图1-5 规划管理组织间协调关系示意图

本书研究涉及三种尺度的组织间关系，分别是央地关系、地市级组织间关系以及区县（市）级组织间关系。这些关系都会受到外部制度环境的影响，包括正式制度和非正式制度，如图1-6所示。

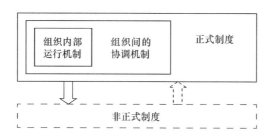

图1-6　组织行为与外部制度环境之间的关系示意图

1.3　研究内容

基于上述对规划管理的认识，本书从以下三个方面展开研究。首先是回顾关于组织变迁的理论基础，梳理我国城市规划管理的发展脉络，特别强调了其与外部制度环境变迁的相关性。然后分别从组织内部、组织间以及央地关系等不同角度，对组织行为应对制度环境变迁的努力进行实证研究。最后，结合新的发展趋势，提出治理理论下规划管理的改革思路。

全书除第1章绪论外，共分为9章，其中实证研究内容有6章。各部分独立成章，但彼此形成有机整体。

第1章绪论主要明确研究对象，介绍研究框架和主要研究内容，以及采取的研究方法。

第2章介绍本书研究过程中学习借鉴的主要理论。这些理论大多来自组织社会学，特别是制度学派，对于理解我国城市规划管理制度的形成与变迁，以及面临挑战的成因，都能给予合理的解释。

第3章回顾并总结了我国城市规划管理制度体系的形成过程，结合本书的研究对象和研究视角，着重从机构设置、制度建设以及专业教育三个方面，分析这一体系的主要特点及存在的问题。

第4章以常州市规划局新北分局为例，深入剖析了基层地方规划管理部门在现有的规划管理制度体系之下，为应对环境要求而采取的创新努力，以及取得的成效和存在的问题。虽然研究对象是一个规划分局，但这样一个基层单位恰恰高度浓缩地反映了规划管理制度在实际工作中的组织行为特点。

由于2018年国务院机构改革的主要目的是解决"多规"的矛盾冲突问题，所以本书的实证研究主要关注这一长期困扰规划管理的现实问题。第 5～7 章中，首先从央地关系对这一问题的根源进行了剖析，然后分别以地市级和区县级地方政府的"三规合一"实践为例，分析地方政策应对这一问题的策略，希望对今后机构合并之后的规划管理制度的实质性改革提供启示。

第 8 章是利用互联网数据，以地级市规划管理部门之间形成的非正式网络，对横向府际关系进行全面考察。

第 4～8 章同时也是关于组织行为的实证研究。我国改革开放以来，特别是确立了以城市为中心的经济体制改革之后，地方政府规划管理的动力机制主要来自地方政府对经济发展的诉求。但随着城镇化速度加快以及央地关系发生的变化，地方政府规划管理工作的动力机制已经悄然发生了变化，从原来单纯致力于城市的经济建设，到受制于多种利益集团，呈现出多元关系的特征。这种变化既是中国城市发展中社会经济转型的反映，也是地方规划管理部门针对现实情况作出主动调整的结果。据多次调研感受，影响地方政府规划管理的因素包括以下几方面。① 区位和地方经济发展水平是影响动力机制的主要因素，表现为不同地区的规划局在谈到工作部署重点时会有不同选择，而地方政府的发展意愿依然是规划局工作考虑的重要因素之一；② 随着近年来市民意识，特别是其保护自身利益的意识不断提高，民众的意见特别是反对意见，逐渐受到重视；③ 随着法制建设的加强，纪检部门的介入使得规划管理工作更加谨慎；④ 城市内部及城市间的竞争关系在经济发达地区表现得尤其明显；⑤ 部门利益，包括政府相关部门之间的权力划分，其中与发改、国土、建设部门之间的关系最为突出；⑥ 开发商各种"钻空子"行为，迫使规划部门改进规划管理办法。总的说来，当前中国地方规划管理工作的动力机制呈现多元构成的复杂特征，带来了组织行为的多样化，并加剧了国家与地方之间的冲突。因此府际关系，特别是央地关系，成为分析政府规划管理行为的一个重要视角。

第 9 章回到规划管理的依据——规划编制中的规划文本。以《国家新型城镇化规划（2014—2020 年）》为例，对其在国家—省级政府间的政策传递进行分析。目前，城市规划管理职能已经调整到自然资源部，各项规划也将纳入国土空间规划体系中。在这个庞大的规划编制体系中，如何让国家意志有效传递到地方，是今后规划管理面临的挑战。希望本研究能够对今后的制度建设有所启示。

在 2018 年之前，"多规合一"已是大势所趋，而 2018 年的机构调整可谓众望所归。只是，国家机构调整之后，具体功能、职责划分还远没有充分调整到位。本书最后一章，将从国家治理体系和治理能力现代化的角度，对今后的规划管理改革提出一些建议。粗浅之见，仅供参考。各部分研究内容之间的关系如图 1-7 所示。

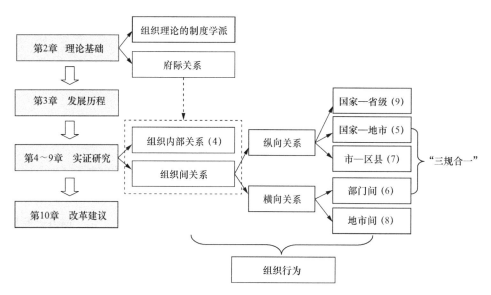

图1-7　各章内容之间的逻辑关系

注：括号内阿拉伯数字为各章的顺序号码。

1.4　研究方法

本书涉及的主要研究方法如下。

1.4.1　内容分析

内容分析法是对文献内容进行客观、系统和量化描述与分析的研究方法，也是社会科学研究中普遍使用的一种科学方法（邱均平，王曰芬等，2008）。内容分析法通过对文字等符号内容进行客观系统分析，用以推断意图、验证假设或描述事实。它结合了定性与定量的分析方法，以具有独立意义的词、词组、句子、段落、意群或语篇为计量单位，通过对信息形式量的测度，达到对研究内容质的把握（黄晓斌，成波，2007）。

具体的分析方法包括：① 频率统计，通过对文本中某些词语使用频率的统计发现文本的关注重点；② 用词变化统计，通过对所用词汇变化的分析，发现关注重点与认知视角的变化；③ 主题分析，通过对成组词语的聚合分析，揭示文本暗中表达的真正主题，由此推断出其真实观点、感情；④ 关联词分析，关键词的同时出现能展示出关键词表达的基本概念之间存在某种联系；⑤ 修饰语分析，特定词语前的修饰语能表达相关主体对特定事务的满意度或评价（曾忠禄，马尔丹，2011）。

1.4.2 社会网络分析

所谓社会网络，是"社会行动者及他们之间的关系的集合"（刘军，2009）。其中，网络成员可以是个体或组织，例如公司、政府机构，也可以是一个教研室、系、学院、学校，甚至可以是一个城市或国家。成员之间的关系，可以是个人之间的社会关系，也可以是组织之间的合作关系，乃至城市间的经济关系和国家之间的贸易关系等。社会网络分析是对不同个体或社会单位所构成的社会关系结构及其属性加以分析的一套理论和方法（林聚任，2009）。社会网络分析通过对各种关系进行精确的量化分析，从而为理论的构建和实证命题的检验提供量化工具（刘军，2007）。

组织是由人及其相互之间的关系构成的，或者可以说，组织的存在是由人们之间相互作用以完成目标的基本活动所界定（达夫特，2008）。可见借由组织成员之间工作联系而形成的关系，能够真实反映组织的实际运行结构。所以有学者认为，社会网络分析自诞生伊始，就扎根于组织背景的研究中（奇达夫，蔡文彬，2007），对揭示组织工作的关系、流程、互动方法和特质，有独到之处。

当社会网络分析用于组织研究时，一般是研究组织中诸如咨询、信任、友谊、情报、沟通和工作流程等关系的网络，以解释组织内部的决策、沟通、人事变动和组织冲突等问题（裴雷，马费成，2006），并帮助人们了解那些影响工作效率、但在组织结构图上找不到的"无形的"网络（克罗斯，帕克，2007）。社会网络分析在国外的组织研究与实践中，已经被证实是一种非常有用的评估方法（Milward，Provan，1998），对中国的规划管理研究也同样具有良好的应用前景（李东泉，黄崑，蓝志勇，2011）。本书使用这一方法对一些规划管理部门的实际工作情况进行调研和分析。

1.4.3 案例研究

在实际工作中，为了应对城市发展需要、复杂的社会利益结构以及部门冲突等问题，不少地方政府的规划管理部门在原有的制度条件下，开展了不同程度的创新实践。本书将以案例研究的形式，对他们的工作经验进行分析和总结。

案例研究法是遵循一套预先设定的程序、步骤，对某一经验性、实证性课题进行研究的方式，广泛用于社会科学领域，包括传统学科如心理学、社会学、政治学、人类学及经济学，和面向实践的学科领域，例如城市规划、公共管理、公共政策、管理科学。案例研究法适合回答"怎么样"和"为什么"之类的研究问题，与历史分析法的不同之处在于：前者可以直接观察事件过程，对事件的参与者进行访谈，而后者无法控制、无法实际接触研究对象。案例研究的类型又分为单案例研究、嵌入性案例研究（单案例研究的变式之一，指一个案例研究可能包含一个以上的分析），以及多案例研究等（殷，2004）。

在实证研究中，本书运用单案例研究如常州市规划局新北分局以及多案例比较研究，如地市级"三规合一"中的上海、广州和哈尔滨，以及嵌入性案例研究，如区县级"三规合一"中广州的A区和C市。

1.4.4 访谈与问卷

访谈与问卷是常见的社会调查方法。本书研究过程中，实地调研过多个地方的规划管理部门，与各级政府工作人员、开发商、居民等都有过交流。并于2013年和2014年分别在中国城市规划学会、原住建部稽查办公室的协助下，对全国地级市及直辖市城市规划管理部门发放过两次问卷，共回收有效问卷95份，来自24个省级行政区（表1-1）。虽然这只占全部调查对象的三分之一，但对于了解我国地方政府规划管理现状有很大帮助。

问卷分布情况表　　　　　　　　　　　表1-1

地区	序号	省级行政区名称	城市名称	数量
东部	1	辽宁	鞍山、丹东、抚顺、辽阳、沈阳、锦州、大连、阜新、盘锦	9
	2	河北	石家庄、张家口、保定	3
	3	山东	菏泽、临沂、青岛、泰安、威海、潍坊、烟台、枣庄、东营	9
	4	江苏	常州、南京、南通、苏州、泰州、镇江、无锡、徐州	8
	5	上海	上海	1
	6	浙江	宁波、绍兴、台州、温州、金华、杭州、嘉兴	7
	7	福建	福州、厦门	2
	8	广东	东莞、佛山、广州、江门、深圳、惠州、湛江、中山、珠海	9
	9	海南	海口、三亚	2
中部	10	黑龙江	大庆、哈尔滨、鸡西、牡丹江、齐齐哈尔、伊春	6
	11	山西	晋城、大同	2
	12	河南	安阳、焦作、洛阳、平顶山、郑州、新乡	6
	13	安徽	池州、阜阳、滁州、马鞍山、淮北、合肥、淮南	7
	14	湖北	黄石、荆州、武汉	3
	15	湖南	湘潭、长沙、株洲、衡阳	4

续表

地区	序号	省级行政区名称	城市名称	数量
西部	16	甘肃	天水、兰州、嘉峪关	3
	17	内蒙古	呼和浩特	1
	18	陕西	西安、商洛	2
	19	青海	西宁	1
	20	西藏	拉萨	1
	21	四川	成都、广安	2
	22	贵州	安顺、贵阳	2
	23	云南	昆明	1
	24	广西	桂林、南宁、北海、钦州	4
总　计				95

2　理论基础：制度与组织

2018 年的机构调整是对长期以来积蓄问题的一次集中解决。实际上，我国的城市规划管理制度在 20 世纪 90 年代刚刚完善之后，就开始面临各种问题。根本原因在于，这一制度是计划经济体制下的产物，它之所以能够最终形成完整体系，是我国改革开放以后，对城市发展建设的迫切需要。但中国快速城镇化进程同样始自 20 世纪 90 年代，更确切地说是 1992 年邓小平南方谈话之后。进一步扩大改革开放的呼吁，让城市发展走上快车道。之后，不论是城市人口还是城市建设规模，都开始加速发展。与此同时，城市规划实践大范围展开，进入从未有过的繁荣期。理论上说，当制度环境发生变化时，组织行为会作出相应的变化。但正式制度存在刚性和路径依赖，不可能彻底改变刚刚建成的制度体系。于是地方执行政策的弹性开始发挥作用，这就导致大量违法违规案例。自 21 世纪开始，就有业内人士开始呼吁城市规划改革，特别是城市总体规划。2006 年《城市规划编制办法》（修编版）出台，第一次明确城市规划是政府调控空间资源、保障城市安全和公共利益的重要公共政策之一，将城市规划作为公共政策的认识向业内推广。遗憾的是，当时身处事业高峰期的大量从业人员，忙于出差、加班编制各类规划方案和文本，无暇深入思考这一新的定位。虽然其中有一部分专业人士对此做出了努力，但或者由于专业差异，如理工科出身的城市规划专业人士可能做不到深刻理解公共政策的内涵，或者做研究的高校教师没有机会参与规划实践，不能将理论认识与具体实践相结合等。总之，这些努力并没有让原有的制度产生根本性改变，并由此带来两方面的结果：一方面是国家规划管理主管部门针对一些现实中暴露出来的问题采取补漏洞的方式，进一步加强对地方行为的约束；另一方面，为规避现有的制度约束，地方不断增加新的规划实践内容，导致规划体系的庞大与异化倾向，城市规划的核心竞争力却逐渐迷失。最典型的表现是，2007 年出台的《城乡规划法》本该是极佳的进行城市规划制度改革的机会，却只是在原有的体系基础上加强了城市规划的法律地位，特别是法律责任部分。虽然其实施以后对地方规划管理部门及地方政府的随意性行为进行了约束，却也加紧了对地方规划管理制度创新行为的束缚，地方规划管理的弹性空间基本丧失，并导致"二规"矛盾进一步显现。

这一过程，可以用组织理论进行深入分析。组织理论是对组织的一种宏观角度的研究，关注组织这一分析层次上的结构和行为的差别，可以说是关于组织的社会学

（达夫特，2008）。大量组织研究发现，正式组织在演化变动的过程中，并不总是按照人们理性设计运行的，而常常受制于制度环境中的其他机制和条件。第一，一个组织的生存必须与其所处环境交换资源才能生存发展。因此，组织的各种行为举措受到所处环境的制约和塑造。组织行为在很大程度上反映了对所处环境的应对策略，这是半个多世纪以来组织社会学研究的一个共识。所以，对组织行为的解释得益于对组织环境的分析。第二，组织机制设计的有效运行是有条件、有范围的。如果没有清楚地意识到这些条件和范围而盲目地应用，就会得到适得其反的效果。例如，严格的科层制度对于上传下达、执行指令是有效的组织结构，但是它对该组织有效地应对当地具体环境则有着很大的约束性。

组织理论也涉及人的行为，但是以总体的方式来研究的。而组织行为学是对组织的微观研究，关注组织中的个人，探讨激励、领导风格和个性等。因此，组织行为学是组织的心理学（达夫特，2008）。在具体案例中，组织行为会受到个人因素的影响。

2.1　基本概念

社会学中的组织是"个人创造的社会结构，用以支撑对特定集体目标的追求"，被认为是现代社会最突出的特征，几乎所有社会运转功能都离不开它们（斯科特，戴维斯，2011）。组织数量庞大，类型多样，无所不包，无处不在。从管理学的角度，组织（organization）是指这样的一个社会实体，它具有明确的目标导向和精心设计的结构与有意识协调的活动系统，同时又同外部环境保持密切的联系（百度百科"组织"）。政府的规划管理部门，就是为了有效实施城市规划，让城市建设有序开展、保障城市发展目标实现而成立的一种组织。

任何组织都希望以高效率、低成本、高收益实现组织目标。然而，由于不同组织的控制系统不同，其管理效率和最终结果也不完全一样。规划管理是政府的一项行政管理工作，行政管理是指国家通过行政机关依法对国家事务、社会公共事务实施的有效管理。其主体是国家行政机关，客体是依法管理的国家事务、社会公共事务，核心是进行公共权力和资源的有效配置，追求高绩效。与一般的企业组织不同，行政管理部门的组织绩效主要表现为行政效能。所谓行政效能，简单说就是行政投入与行政产出之间的比值。它是行政产出的能量、数量、质量与行政投入间的综合比值关系，是行政能率、行政效率和行政效益的合称。提高行政效能的途径和方法包括：改革组织体制、提高行政人员的素质、完善行政过程和实现行政管理方法与手段的现代化（全国城市规划执业制度管理委员会，2002）。

虽然不像一般企业一样以追求效率和经济利益为目标，但是不论中国还是外国的政府行政管理改革，都有向企业等其他组织学习的传统。如在 21 世纪初为了建设服务型政府而兴起的一轮政府流程再造的行政改革浪潮，就是指在引入现代企业业务流程再造理念和方法的基础上，以"公众需求"为核心，对政府部门原有组织机构、服务流程进行全面、彻底的重组，形成政府组织内部决策、执行、监督的有机联系和互动，以适应政府部门外部环境的变化，谋求组织绩效的显著提高，使公共产品或服务更能取得社会公众的认可和满意（姜晓萍，2006）。这个改革的重要内容之一是实施过程控制与结果导向并重的绩效管理，并取得了显著成效。所以，组织理论适用于规划管理研究。不同组织的共性内容，成为组织理论关注的对象。对本书来讲，有三项基本内容需要关注。

首先是组织结构。每一个有组织的人类活动，都提出了两大基本而又对立的要求：一是把劳动分工成有待执行的不同任务；二是把这些任务协调起来，完成该活动。这就是组织结构的本质。因此，可以把组织结构简单定义为：劳动分工成不同任务，并在各种任务中实现协调的方式之总和（明茨伯格，2007）。组织为了实现高效的运行，需要拥有合适、有序的结构。组织结构（organizational structure）是指组织中正式确立的使工作任务得以分解、组合和协调的框架体系，有效的组织结构能够使组织中的人员之间得以有序地分工合作，使资源得以共享，机制得以完善（方振帮，2008）。组织结构通常表现在组织内部的机构设置以及相应的工作流程等方面。

其次是组织变革。组织变革是指组织根据外部环境变化和内部情况变化，及时调整和改善自身的结构与功能，以提高其适应环境、求得生存的应变能力（方振帮，2007）。因此，组织变革的基本动力可以分为外部动力和内部动力两大方面。外部动力包括经济力量、技术的进步、社会和政治变革、就业人口改变等。内部动力包括组织目标的改变、管理条件的变化、组织发展阶段的变化、组织成员社会心理及价值观的改变、组织内部的矛盾与冲突等（方振帮，2007）。

最后是组织与环境的关系。这也是与本书的研究问题直接相关的内容，即为什么会发生组织变革？相应的组织行为受到哪些因素的影响？组织制度理论是组织研究中理解、分析和预测组织行为的一个重要视角（陈嘉文，姚小涛，2015）。

2.2 组织理论中的制度学派

2.2.1 发展历程

按照组织理论的观点，组织设计与管理的实践是随着整个社会在历史进程中的变化而相应地发展演变的（达夫特，2008）。古典管理思想的核心是效率就是一切，并为此进行了相应的组织设计。这一原则在今天依然有效，如普遍存在于各种组织的科层制体制，实际上就是为了更有效地传达命令，组织生产，实现目标。对于组织与环境的关系，在古典管理思想者看来，所谓组织环境是一种机械式系统，是有秩序和可预测的，因此可以有一种理想的组织模式被设计出来。但事实并非如此。早期的制度学派的代表人物西斯尼克（Selznick）在 1949 年出版的《TVA 与基层结构》一书中，通过对美国田纳西水利大坝工程和管理机构的研究发现，组织实际运作过程中的目标与原设定的目标并不一致，揭示了组织并不是一个封闭的系统，而是一个制度化的组织，需要不断适应周围环境的改变（于显样，2009）。总之，事实证明，组织并不都是相似的，如果将所有的组织都设计为同一类型，显然会产生许多问题。早期的制度学派的研究贡献就是指出了组织是一个有机体，能够与周围环境互动，并根据环境的改变来调整自身的发展。

行为科学理论兴起之后，组织研究跳出了韦伯式理性组织的分析模式，人们开始认识到环境对于组织的影响，于是出现了权变理论。盛行于 20 世纪 60～70 年代管理学中的权变理论（Contingency Theory）作出的解释是：组织的最佳结构取决于一个组织的具体的环境条件、技术、目标和规模等。如果环境条件变了，组织结构也应该相应变化（周雪光，2003）。"权变"意味着某一事物对其他事物的依赖，意味着有效的组织必须在其结构和外部环境之间找到一种"最佳状态"，在一种情境下有效的方式，换了另一种情境就不一定有效，因此不存在某种最佳的方式（达夫特，2008）。按照权变理论的假设，如果每个组织的环境条件是不一样的，那么它的技术、规模和目标也可能是不一样的，所以它的组织形式也应该是不一样的（周雪光，2003）。

随着时间的推移，组织理论又面临新的挑战。20 世纪 80 年代以来，组织变迁的背景经历了意义深刻和影响深远的变化，互联网和信息技术的发展以及随之而来的全球化、迅速的社会和经济变革，甚至员工对工作意义和个人职业发展机会的期望等都给组织变革带来挑战。但现实中的现象是，不管处于何种环境条件下的组织，它们的组织结构却存在趋同性。为什么会出现这种现象呢？组织理论中的制度学派应运而生（又称新制度主义），提出了非常著名的合法性（legitimacy）概念，主要用于揭示环境对组织行为的影响。也就是说，权变理论强调组织对环境的随机应变机制，促使组织能够适应环境，找到适合自己的管理模式，但是权变理论强调组织间的不同，却无法解释组织结构的相似性问题。于是制度学派开始兴起，制度学派研究的核心问题就是组织的趋同现象（于显洋，2009）。

2.2.2 合法性机制

制度学派研究的核心问题是组织的合法性机制，认为社会制度会对组织产生强大的约束力量。组织在合法性机制的影响下，会寻求组织的结构和制度被社会认可，因此出现组织的趋同现象。其中，合法性机制有强意义和弱意义之分。前者的代表人物是迈耶（Meyer）。他认为合法性具有两个方面的含义：一方面，法律制度会对组织产生约束，要求组织具有合法性；另一方面，社会制度也会对组织产生影响。当社会的法律制度、文化制度和社会期待为社会所接受，就会对组织产生强大的约束作用，规范组织的行为。同时，他认为合法性机制是一种自上而下的过程，制度环境决定了组织的结构和行为，组织没有选择自主权，即强意义上的合法性机制。组织会采取三种策略来应对制度环境的约束：一是趋同化，组织会采取相似的组织结构和做法以获得制度的认可；二是相互模仿和学习，为了适应环境，组织之间会相互观察和学习，会促进组织的趋同化；三是将形式与内容分开，当环境制度与技术制度的要求产生冲突的时候，组织会选择将组织的运作形式与组织结构分开，通过非正式规范来约束实际运作过程（于显洋，2009）。

而迪马齐奥和鲍威尔则认为，制度并没有在一开始就规定了组织和人的思维和行动，而是以资源的分配为中介或采用激励的方式来影响组织和个人的行为，鼓励组织采取社会认可的做法，如通过树立典型来引导组织，制度通过诱导来影响组织的机构和制度，即弱意义上的合法性机制（湛正群，李非，2006）。迪马齐奥和鲍威尔还指出，组织间的依赖程度越高，组织的趋同性越强，越有利于资源、信息的交换；组织的目标越模糊，模仿行为越频繁，组织间的趋同化越快。迪马齐奥和鲍威尔还进一步指出，在合法性机制的约束下有三种机制导致组织趋同化：一是强迫选择机制，即通过强制性的规范如法律等对组织进行规范；二是模仿机制，组织会模仿同一领域内成功组织的做法来应对环境的挑战；三是社会规范机制，社会规范形成一种社会共识，在人们的潜意识当中约束行为，在专业化程度高的领域中表现得尤为明显（于显洋，2009）。

托尔伯特（Tolbert）和朱克（Zucker）通过对美国公务员制度的研究，提出效率机制和合法性机制，并且发现会在一定的阶段出现机制的转换。在公务员制度实行之初，城市会根据自身的情况理性选择是否实行公务员制度，遵循效率机制，而当公务员制度成为被社会广为接受的理性组织形式，各个城市则不得不实行，即合法性机制（于显洋，2009）。

简而言之，制度学派描述了组织如何在与环境的期望保持一致中求得生存和成功（达夫特，2008）。在制度学派眼中，组织变革的外部动力就是制度环境，也就是说，组织行为受到制度环境的影响。制度学派认为组织面对两种不同的环境——技术环境和制度环境。技术环境要求组织有效率，但组织不仅仅是技术需要的产物，而且是制度环境的产物。制度环境要求组织服从合法性机制，采取那些在制度环境下被广为接受的组织形式和做法，而不管这些形式和做法对组织内部运作是否有效率。这里的合法性不仅仅是指法律制度，还包括文化制度、观念制度、社会期待等制度环境对组织行为的影响。合法性机制的基本思想是：社会的法律制度、文化期待、观念制度成为被人们广为接受的社会事实，具有强大的约束力量，规范着人们的行为（周雪光，2003）。但效率机制和合法性机制并不是完全冲突的，组织具有一定的能动性，因此能够根据自身所处的环境来定位自己的行为模式。这些认识对于地方政府规划管理部门的改革创新措施具有很强的解释力（图 2-1）。

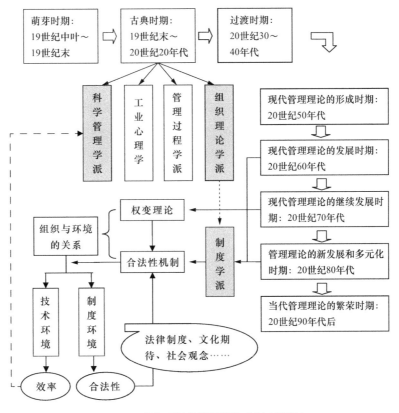

图 2-1　组织理论的发展脉络（制度学派）

2.3　府际关系

府际关系的概念产生于 20 世纪 30 年代的美国，当时联邦政府积极推行新政，为免于遭受来自地方破坏宪政分权的质疑，提倡联邦政府与州政府之间的积极合作（张孝文，2006）。可见，府际关系的产生是伴随着不同层级政府的政策目标和职能转换结合在一起的（任勇，2005）。1960 年，美国学者安德森（W.Anderson）基于美国的联邦制度，总结性地提出府际关系是指"各类各级政府机构的一系列重要活动以及他们之间的相互作用"（Anderson，1960）。更具体而言，府际关系是所有拥有不同程度权威和管辖自治权的政府部门之间建立的一系列金融、法律、政治和行政关系（亨利，2002），包括中央政府和地方政府之间、地方政府之间、政府部门之间以及各地区政府之间的关系（谢庆奎，2000）。

长期以来，中国的府际关系以纵向关系和条块关系为主导，横向关系并不显著（颜德如，岳强，2012）。但改革开放以后，随着中央和地方关系的一系列改革，特别是 20 世纪 90 年代以来，随着中央对地方的权力下放和市场化取向改革的推进，地方政府的行为自主性逐渐增强，府际关系由单一走向多样，在央地关系之后，地方政府间横向关系逐渐进入学术关注的视野，开始成为一个相对独立的研究方向（谢庆奎，2000；张紧跟，2013）。根据中国学者的定义，"广义上的府际关系指的是纵向上中央政府与地方政府之间，以及上下级地方政府之间的关系网络；横向上互不隶属的地方政府间关系网络，以及政府内部不同政府部门间的分工关系网络，还包括主权国家政府之间的关系。狭义上的府际关系指的是纵向上不同层级政府间的关系网络"（杨宏山，2005）（图 2-2）。

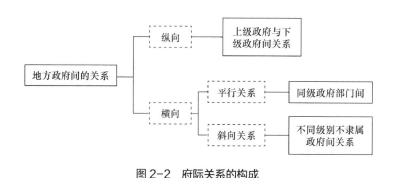

图 2-2　府际关系的构成

（资料来源：杨宏山.府际关系论［M］.北京：中国社会科学出版社，2005.）

府际关系概括来讲主要有三类：横向、纵向和斜向府际关系。如果说政府间关系的纵向体系接近于一种命令服从的等级结构，那么横向政府间关系则可以被设想为一种受竞争和协商的动力支配的对等权力的分割体系（宾厄姆等，1997）。而斜向府际关系涵盖不同级别、互不隶属的中央部门及其直属机构、地方政府及地方部门之间的关系，力求超越条块型府际关系的窠臼，描述多元交叉的府际关系（蔡英辉，胡晓芳，

2008）。

本书综合各学者观点，并结合对我国政府体制特征的分析，认为府际关系应该包含纵向上中央与地方政府间关系、各级地方政府之间的上下级关系，横向上包括同级地方政府间平行关系、地方政府部门间的平行关系，以及既不同级别又不互相隶属的政府间斜向关系。这些关系可以简单划分为央地关系与地方政府间关系。

（1）中央与地方关系

我国学者对于府际关系的研究中以中央与地方之间的关系研究为主。我国是实行单一制的国家，强调中央政府的主导地位，中央政府为贯彻施政目标，按照一定的原则将部分权限下放给地方政府，强调层级节制。

（2）地方政府之间的关系

当前世界大多数国家都设有两级或者三级地方政府，我国的地方政府体制设有四个管理层次：省政府（自治区政府、直辖市政府）、市政府（地区行署、自治州政府）、县政府（县级市政府）、乡政府（镇政府），各级各类的地方政府之间形成了复杂的关系网络体系。

从地方政府间的纵向关系来看，我国上级政府授予下级政府一定的权限，地方政府间的纵向关系表现为下级服从上级、领导与被领导、制约与被制约的关系。

横向上地方政府的关系有两种，一是同级地方政府部门间的平行关系，二是不同级别又不互相隶属的地方政府间的关系，即斜向关系，无论是平行关系还是斜向关系，彼此并不存在领导与被领导的关系，主要以交流、合作与竞争的关系为主。地方政府在地方利益的驱动下会相互合作，并通过签订政府间协议、召开联合会议、成立联合机构等形式加强政府间的沟通和合作，以建立合作关系（杨宏山，2005）。

府际关系之所以成为关注点，主要是因为随着世界现代化进程不断推进，各级政府为实现对日益复杂的社会公共事务的有效管理，形成了相互之间复杂、多元的关系网络。在履行公共管理职能的过程中，各级、各类政府除需从"利他"角度出发谋求公共利益，还将从"自利"角度出发追求自身利益的最大化，从而影响了政府的组织行为。而府际关系的本质就在于权力与利益的分配关系（杨宏山，2005）。

2.4 理论分析框架：府际关系与制度

基于上述的相关理论可知，制度学派从组织与环境的关系角度来研究组织现象，认为组织作为一个开放系统，将受到技术环境与制度环境的影响。在府际关系的运行过程中，制度主义的合法性机制与效率机制能简洁而有效地解释不同政府主体在不同环境下的策略选择。其中，技术环境中，组织的结构和行为将受到竞争机制和效率机制的影响，组织倾向于追求效率的最大化；而制度环境中，组织的形成与运作会受到社会信念及规则系统的影响，组织往往偏向寻求自身制度与结构被环境的认可（湛正群，李非，2006）。由于我国地方政府层级多，府际关系网络复杂，因此，本书尝试将制度主义学派所总结的运行机制与府际关系理论相结合，从纵向与横向两个角度构建府际关系与制度环境之间的作用机制。

（1）合法性机制主导的纵向府际关系

纵向府际关系主要包括中央与地方政府关系、地方政府间上下级关系。作为强调中央政府主导地位的单一制国家，地方政府拥有的职责权限是为贯彻中央政府施政目标或提升其治理能力，依据官僚组织行政授权原则，下放有限权限给地方政府的结果是次级地方政府的权利均来自于上级政府。因此我国在纵向府际关系处理上十分强调层级节制，强调上级对下级的领导、有效控制与监督，更多体现为一种政治和行政意义（林尚立，1998）。在这样的制度环境主导下的府际关系，合法性机制往往占据掌控地位，地方政府将在很大程度上采取被中央政府接受或认可的行为。

（2）效率机制主导横向府际关系

横向府际关系中，由于主体相互间都不存在领导与被领导或制约与被制约的关系。因此，它们之间的关系主要通过交流、竞争以及合作的形式表现，以主体自身利益为主要行为动机，更多体现为经济和社会意义（林尚立，1998）。因此从横向关系上而言，行为主体（政府与政府部门）的行为选择由效率机制主导。

各级组织内部、组织间和组织与外部关系构成了国家的治理体系。上述分析框架有助于理解规划管理制度变迁的原因，以便更清晰地看到未来应该走向何方。中国过去的几十年里，社会各领域经历了深刻的制度变迁，而且这种变迁还在演变之中（周雪光，艾云，2010）。而历史的重要性在于，由于社会制度的连续性，现在和未来的选择是由过去所决定的（诺思，2008）。在中国当前的发展背景和发展趋势下，应该怎样认识城市规划管理，又应以怎样的城市规划管理制度指导中国的城市发展，本书希望对此有所启示。

3 我国城市规划管理的发展历程及特征

制度变迁理论告诉我们，所谓制度创新，并不是凭空创造出来的，而是有迹可循、有据可依的。回顾历史，有助于理清现实，也有助于辨别今后的道路。本章将在第2章的理论框架指导下，梳理我国自现代城市规划在近代通过西方移植到中国以后，其中的规划管理体系逐步形成与发展的演变脉络。

特殊的发展历程导致无论是机构设置还是制度建设，我国的城市规划管理体系在央地两个层级上都有较大差异。这样的央地关系，又构成地方规划管理实践工作运行机制的制度环境，可以解释很多具体的组织行为。"任何一种组织都是具体的行动组织，都是存在于具体的时间与环境之中的组织，时间的维度和具体的环境背景具有重要的决定性意义，是组织得以展现的不可或缺的条件，那种抽去了时间因素与背景因素的规范意义上的正式组织抑或形式组织，根本就不具有真实性，因此建立在这种组织概念基础上的研究对于现实也就不具有真正意义上的解释力"（张月，2017）。理解中国的城市规划管理，同样需要重视时间因素和环境因素。按照现代城市规划与工业化、人口增长、城市化密切相关的背景，中国近现代城市化进程与中国城市规划管理体系同样具有不可分割的关系，是认识和理解其构建与演变脉络的重要切入点。

要认识组织行为，首先要了解我国规划管理部门的设置。这种行政管理体系，是我国央地关系的一种具体表现形式。伴随着行政工作的法治化，规划管理的制度建设逐渐正规化、体系化。在此过程中，央地关系在时间维度中的演变，也导致地方规划管理部门的行为变化。所以，本章首先梳理我国城市规划管理体系的形成与发展历程，并分别从机构设置、制度建设、专业教育三个方面，分析当前我国城市规划管理面临困境的原因。

3.1 我国城市规划管理体系的形成与发展历程概述

中国的城市规划管理体系，可以从近代开始，依据几个重要时间节点进行阶段性划分。虽然发展具有阶段性，但不可忽视其中的历史延续性，这种时间维度上的演变，对于理解规划管理制度的变迁有重要作用。其中有两点值得注意，一是社会经济演进过程中城市地位的变化，这是客观事实的变化；二是决策者对城市及城市规划的认识，这是主观意识，会受到客观事实的影响，但不止于此。

3.1.1 近代从西方的移植与地方的试验

从世界范围来看，现代城市规划是工业革命以后，西方工业化、人口增长以及城市化的综合结果（Greed，2000）。这一背景，在中国近代并不具备，现代城市规划在中国最初是由西方移植的结果。鸦片战争后的被迫开放，对中国近代的社会经济发展产生了重大影响，也带来或移植了部分现代化因素，包括城市建设技术和城市规划，对中国城市的进步和发展起到了促进作用。这一作用首先反映在沿海的主要通商口岸或设有外国租界的城市。在此过程中，西方的现代城市建设与规划方法，通过各种不平等条约而出现的租界、租借地的规划建设而传入中国，因此，中国近代的城市规划可以被认为是从西方嫁接过来的产物。

按照西方现代城市规划理念建设的城市（如青岛）或者城市中的部分街区（如租界），为当时的中国城市起到了现代城市的示范作用。随后，随着向西方学习态度的转变，中国人开始主动地学习西方关于城市建设的先进理论和方法。中国近代对西方现代城市规划的学习可以追溯至清末。在民国初年，人们已开始以伦敦、巴黎、柏林、华盛顿等欧美著名城市为模范，制定大城市的市政发展规划，并进行城市基础设施建设和街区改造。

以后来城市规划体系的构成来看，在中国近代，虽然"实现了从古到今、现代规划从无到有、从局部到整体的转变"，但"因为没有看见城市规划的实施，也就很难发现城市规划在从方案向现实转化过程中的作用机制……因此可以说，我国近代城市规划始终是不完整的"（孙施文，1995）。其中，主导实施过程的规划管理制度远没有形成，某些沿海开放城市由工务局主管城市建设的一些工作。

规划管理的地位与当时的城市地位是相一致的。中国近代是一个特殊的历史时期：从国家命运而言，是遭遇"三千年未有之大变局"；对于城市规划体系来说，当时城市的数量很少，在国家社会经济发展中的地位也不高，加上连年战争，城市的发展更是无暇顾及。即便如此，近代对于中国现代城市规划体系的形成还是发挥了奠基性的作用，除了学科本身独特的历史发展轨迹所形成的特定基础外，国家历史进程的大背景也成为学科产生的重要影响因素，具体包括社会的历史进程突显城市规划的理想化倾向、国家主义影响城市规划、政府干预思想强化、政治基础的缺陷使城市规划缺乏制度环境的建设等（李东泉，周一星，2005）。历史演进是一个整体，这些因素如基因一样，一直延续到中华人民共和国成立以后。

3.1.2 初创阶段：作为国家计划的延伸和具体化

中华人民共和国成立以后，中国现代城市规划体系伴随着"一五"计划的实施形成雏形，经历了"大跃进"到"文化大革命"期间的曲折发展，于改革开放后迎来新的发展契机。20世纪90年代以来的快速城镇化进程，给中国的城乡发展带来前所未有的机遇，但同时也带来新的挑战。

中华人民共和国的城市规划工作在1953～1957年的第一个五年计划期间普遍开展。为了配合大规模经济建设工作，中央人民政府政务院财政经济委员会于1952年4月举行全国性的城市建设座谈会，提出部署城市规划设计工作，并讨论了《中华人民共和国编制城市规划设计程序与修建设计草案》。1954年9月，国家计划委员会颁发了《关于新工业城市规划审查工作的几项暂行规定》。1956年7月，国家建设委员会（即所谓"一届建委"①）颁发了《城市规划编制暂行办法》。在第一个五年计划期间，中国建立起社会主义工业化的初步基础，建立起高度的集权政治和计划经济体制（邹德侬，2001）。在这个过程中，作为计划经济的具体化表现，中国现代城市规划实践体系的基本内容和工作方法逐渐形成。

虽然"一五"计划完成后，中国的社会经济发展又不断遭遇挫折，期间城市规划实践工作也基本停滞不前，但这一时期，由于政权稳定，国家意志也极大地促进了城市规划实践体系的形成。当时认为，社会主义城市最中心、最根本的物质基础就是工业和农业，只有工业发展了，才能带动交通运输业、文化教育事业等的发展，也才有可能出现为这些事业服务的城市。因此，"社会主义城市的建设和发展，必然要从属于社会主义工业的建设和发展；社会主义城市的发展速度，必然要由社会主义工业的发展速度来决定"（"城乡规划"教材选编小组，1961）。这个时期城市建设的指导思想是在这一认识之下展开的。

3.1.3 完善阶段：改革开放后的独立与新的挑战

1958年8月中共中央召开北戴河会议，会后掀起"大跃进"运动，当时的中央人民政府建筑工程部（简称建工部）也相应提出"用城市建设的大跃进来适应工业建设的大跃进"的号召。这一主张很快被彻底否定。在国家经济发展过程的困难时期，规划工作形势急转直下。1960年11月的全国计划工作会议上，为扭转经济工作盲目冒进的局面，提出三年不搞城市规划的主张。此后直到"文化大革命"后期，城市规划

---

① 关于"三届"国家建委在本章第2节"机构设置"中将有详细阐述。

工作才有所转机。1972 年 5 月，国务院批转国家计委、建委、财政部《关于加强基本建设管理的几项意见》中，规定"城市的改建和扩建，要做好规划"。1973 年 9 月，国家建委城建局在合肥市召开城市规划座谈会，讨论《关于加强城市规划工作的意见》《关于编制与审批城市规划工作的暂行规定》等几个文件的草稿。被认为是自 1960 年"三年不搞城市规划"以来对城市规划工作的一次启动（曹洪涛，1999）。这些文件经修改后，于 1974 年 5 月由国家建委下发试行，对全国城市规划工作开始逐步恢复起到了推动作用。随后，1976 年唐山大地震的震后重建工作，进一步用事实使人们认识到，建设城市没有城市规划是不行的（曹洪涛，1999）。

就全国范围来说，从十一届三中全会到十二届三中全会（1978 ～ 1984），中国共产党总结了三十多年的经验教训，从思想上、理论上、路线方针政策上来了一个大的拨乱反正。1978 年 3 月，国务院召开了第三次全国城市工作会议。会议作出了"认真搞好城市规划工作"的决定，制定并经中共中央批准颁发《关于加强城市建设工作的意见》，这是一个指导全国城市规划和建设工作的重要文件。文件要求全国各城市、新建城镇都要认真编制和修订城市总体规划和城市详细规划，并规定"城市规划一经批转，必须认真执行，不得随意改变"。

1980 年 10 月，国家基本建设委员会召开了全国城市规划工作会议，12 月，国务院批转《全国城市规划工作会议纪要》。其中第一条是"正确认识城市规划的地位和作用"，确定了城市规划在城市建设和管理中的"龙头"地位，批准了这次会议提出的"控制大城市规模，合理发展中等城市，积极发展小城市"的城市发展方针，还讨论了《城市规划法（草案）》，并首次提出城市应实行综合开发和土地有偿使用的建议。1980 年 12 月，国家基本建设委员会又颁发了《城市规划编制审批暂行办法》和《城市规划定额指标的暂行规定》。这次会议极大地推动了全国的城市规划工作。会后，全国开始了新一轮城市总体规划的编制和审批工作。

1980 年 12 月 9 日国务院批转的全国城市规划工作会议纪要中所强调的内容，即"城市规划是一定时期内城市发展的蓝图，是建设城市和管理城市的依据。要建设好城市，必须有科学的城市规划，并严格按照规划进行建设"。这代表经过三十年的反复，对城市规划的计划性本质予以充分肯定。1989 年，中华人民共和国第一部专业法规——《城市规划法》正式发布，为中华人民共和国成立后城市规划体系的形成画上一个句号。虽然在 20 世纪 90 年代初期，进一步确立了以"一书两证"为核心的规划实施管理制度，但这些都是《城市规划法》的配套法规，其本质是原有规划管理思路的延续和完善。

实际上，20 世纪 80 年代对于中国的城市规划体系来说，真正的变革才刚刚开始，挑战正在路上（李东泉，韩光辉，2013）。1978 年开始的经济体制改革，首先在农村进行，对城市认识的转变始自 1984 年开始的城市经济体制改革。但中央在认识上的转变传递到地方有时滞效应，再加上改革开放的道路也不是一帆风顺的。所以，1992 年邓小平南方谈话才是城市加快改革开放的确认键。20 世纪 80 年代中期在确立了城市是我国经济、政治、科学技术、文化教育的中心后，伴随着改革开放和市场经济体制的深化，城市迅速成为承担国民经济发展的主体力量。同时，人口增长的压力、资源短缺、三农问题长期不能得到解决等社会现实，使城市化最终在"十五"计划中成为国家现代化战略的选择，标志着对城市的认识进入了一个新的阶段。此时，我国的城市规划体系并没有应对经验。

3.1.4 转型的努力：伴随着快速城市化进程的大发展

有学者总结，改革开放以后，总体上讲，中国经济步入转型期，但中国的改革实际上有相当明确的两个阶段。第一阶段是 1980 年至邓小平南方谈话的 1992 年，第二阶段是 1992 年至朱镕基退休的 2003 年（张五常，2006）。在第一阶段，中国城市经济实现的是从无到有的变化，虽然增长速度很快，但由于基数小，绝对量并不是很大，对城市发展的影响还不是很明显；第二阶段改革的影响才更加全面与深入，也因此带来了前所未有的变化。在这个阶段，以城市为中心的经济体制改革不断深入，给城市经济社会发展带来了新的活力，市场经济不断发育，城市多功能作用日益加强。城市的经济结构、社会结构发生了深刻变化，对城市规划提出许多新的课题。城市规划的依据，不再完全靠国民经济计划；城市规划的内容不再局限于物质空间布局；城市规划的视野也不能集中在市区本身。所以，对城市规划真正的挑战始自 20 世纪 90 年代以后。

20 世纪 90 年代以来的快速城镇化进程，也给中国的城乡发展带来前所未有的机遇（仇保兴，2003）。面对城市快速发展中出现的各种新问题，城市规划的地位得到加强，但原有的实践体系不能适应新的城市发展需要。在 21 世纪第一个十年里，我国的城市规划实践体系作出了转型的努力。

2001 年 6 月 23 日，温家宝在中国市长协会第三次代表大会上的讲话中，对城市规划的外延进一步扩大，把城市规划看作"一项全局性、综合性、战略性的工作，涉及政治、经济、文化和社会生活等各个领域"。经过 20 世纪 90 年代以来的一轮繁荣发展局面，面对新的时代需求，2005 年的全国城市总体规划修编工作会议指出，城市总体规划既要发挥市场对资源配置的主导作用，又要强调政府在战略性资源控制、公共投资项目安排、空间管制、公共服务等方面的职能，要实现"由注重物质空间规划逐渐过渡到引导、调控城市发展的公共政策"（汪光焘，2005）。在此认识基础上，2005年 10 月 28 日经建设部第 76 次常务会议讨论通过、2006 年 4 月 1 日起施行的《城市规划编制办法》第一章总则中的第三条中，对此给予了明确定义："城市规划是政府调控城市空间资源、指导城乡发展与建设、维护社会公平、保障公共安全和公众利益的重要公共政策之一。"从世界范围内学科发展趋势上来说，这一认识是符合国家社会经济发展要求的，但关键是如何通过实践体系实现这一认识（李东泉等，2011；李东泉，2013）。在之后的实践工作中，恰恰证明了城市规划实践体系在落实理念方面没有做到位，这一转型的努力是很有限的，没有从根本上改变制度内容。2005 年全国城市总体规划修编工作会议指出的落实方式是"既要又要"的思路，实际上这种思路很难由城市总体规划来实现。因此十几年下来，这种思路落实的结果就是让城市总体规划变成一个无所不包的"巨无霸"。而 2008 年的《城乡规划法》虽然强调了作为政府职能的城市规划的重要性，这一点与公共政策属性是一致的，但作为国家层面的基本法，具体的法条内容则是加强了规划管理的刚性。例如最典型的"一书两证"制度，虽然在实践工作中，选址意见书在国有土地出让制度下已经名存实亡，建设用地规划许可证也简化为国有土地招拍挂时的"规划条件"，但从 2008 年开始实行的《城乡规划法》还是坚持了这一制度，只是对其中的一些细节进行了改革，如对于出让土地不再需要选址意见书。这样一系列操作下来，地方在具体工作中的弹性进一步缩小，对现有规划管理体系的意见也越来越多，特别是在以效率为先的经济发达地区。正如此前有学者指出的，"从我国国情来看，城乡规划是一种政府进行宏观调控和城市管理的重要工具，并正在日益演变为一种自上而下管理的公共政策，强调其权威性和强制力"（钱征寒，牛慧恩，2007）。

造成这一局面的原因是多方面的。一方面是城市发展快速，如此快的城镇化进程前所未有，城市地位在国民社会经济中的地位大幅度提高，但我们的认识滞后于城市化的发展事实；另一方面，规划管理制度的决策在中央，央地政府间有不同利益取向，地方执行中的现实需要很难反馈到中央的决策者那里，导致制度转型困难。

3.1.5 新的发展阶段

2018 年 3 月 13 日，国务院再次机构调整。秉承"多规合一"原则，原属住建部的城市规划管理职能并入改组后的自然资源部。国务院机构调整到位后，省级、地市级的规划管理部门随即开始调整。从规划管理的主管部门来说，这是中华人民共和国成立后最大的一次变革。简单说，就是城市建设与城市规划终于划分开来。这种变革是否是正确的、符合国家和城市发展趋势的一种选择？

以城市总体规划与土地利用规划为突出代表的"多规"之间的矛盾已存在多年，各种改革的建议也探讨了多年，其中也包括通过管理职能调整实现"多规合一"的呼声（李东泉，2014）。最后的结果之所以令大家意外，是因为学科发展历史悠久、有强大专业力量和专业教育基础的城市规划管理被归入了土地管理部门。随后，大量学者专家和工作在一线的规划师们都在思考城市规划专业的未来发展方向。但我们应该首先反思这种变化是如何发生的。如果存在即是合理的，那么目前的变革是不是早已显露了迹象？进而，如果我们要清晰今后的道路，是不是也应先思考国家今后的社会经济发展趋势是什么？然后才能给城市规划体系一个正确的定位。要回答这些，对于影响我国城市规划管理体系形成的制度环境是必须要深入研究的课题。

3.2 机构设置

机构设置代表的是承担规划管理的主管部门及其组织结构，自中华人民共和国成立后，我国城市规划管理的组织结构是一个功能逐步清晰并趋于复杂化的过程。这个过程与我国城市化进程和城市地位日益提升有着直接关系，但也与规划管理职能在央地关系中的分权不清有关。我国城市规划管理行政机构体系的主要特点是：虽然具体承担规划管理的主管部门多次调整，但中央政府自中华人民共和国成立起就将城市规划建设作为自己的职能之一；在层级设置方面与我国现有的政府行政管理体系相一致，内部机构设置上，省级政府与中央政府保持高度一致，但就地市级（包括直辖市）政府主管部门之间及内部的构成来说，则差异很大，这些差异体现在机构设置、人员构成、职责分配等方面。总体上呈现"中央—地市"两层级的权力架构特点。

3.2.1 中央（国家）层面

对于国家层面的规划管理机构的建立与演变过程，中国城市规划设计研究院的李浩博士作了比较完整的梳理（李浩，2019）[①]。

前已述及，我国的现代城市规划体系伴随着"一五"计划的实施形成雏形。在中华人民共和国成立之初，城市规划建设工作不是国家主导性事务，当时相关的行政管理职能主要由中央人民政府政务院财政经济委员会计划局下设的基本建设计划处承担。地方的城市规划工作也仅限于一部分近代有基础的城市，其机构也延续了近代的

[①] 本节所采用的资料主要来自：李浩所著《中国规划机构70年演变——兼论国家空间规划体系》第1章"我国规划机构的建立及发展过程"，根据作者的写作需要，对其进行了简化和重新组织。

名称，如北京、上海等城市都沿用之前的"都市计划委员会"。

（1）双重领导阶段（1949～1954年）

根据李浩博士找到的资料，1951年5月，梁思成先生最早向国家有关部门提出建议设立中央级的领导机构，统一设计规划全国都市计划的建筑物的营建（李浩，2019）。可见，那时还没有"城市规划"一词。随后，随着"一五"计划的开展，这一建议被提上议事日程。经过前期准备，1952年9月1日，中央人民政府建筑工程部正式办公（简称建工部），同日以中央人民政府政务院财政经济委员会（以下简称中财委）的名义组织召开了首次全国城市建设座谈会，并于10月6日向中财委提交了《建筑工程部关于城市建设座谈会的报告》。新成立的建工部的组织机构方案中，共设六司、一局和一厅，其中的一局即为城市建设局（简称城建局）。该局在1953年3月正式成立，虽名为"城市建设局"，但实际上是"城市规划修建及公用事业建设局"的简称，主要业务是城市规划。可见，建工部城建局正是我国最早的国家级规划管理机构。

在建工部城建局的筹建过程中，同样为了保证"一五"计划的实施，1952年11月25日，中央人民政府委员会决定成立国家计划委员会（简称国家计委，即国家发展和改革委员会的前身）。1953年10月，国家计委在机构设置中增设了基本建设综合计划局、设计工作计划局和城市规划［计划］局（简称计委规划局）。虽然城建局成立时间早于计委规划局，但国家计委在政府各部门中的行政地位更高，所以，这个时期，国家层面的规划管理工作是两个部门主导下的双重领导时期。实际业务分工中，计委规划局侧重审批方面的工作，城建局侧重规划编制等技术工作。在"一五"计划实施期间，分属两个部委的两个主管部门通力合作，不仅大力推进了一批重点城市的规划编制工作，同时制定了有关城市规划编制、审批与实施管理的各项制度，初步形成了中华人民共和国的城市规划体系。但这种双重领导方式，也为规划管理实践工作的开展埋下了矛盾。早在1953年10月7日，建工部城建局就呈交一份报告，表达工作的主要困难是"范围不明""关系不清"。这份报告中还提到："全国城市大小一百六十多个，城市建设均无经验，我局虽只管若干大城市，但具体到大区，就要大小一律管起来，有问题大区不能解决，就要向中央请示，这样逼着我们不管也要管。"这是中央管理地方城市规划建设的制度基础。我国城市化基础薄弱，中华人民共和国成立后中央政府便承担起这一本该属于地方政府职责范围的管理工作。这也为改革开放后，中央向地方分权过程中地方通过规划管理促进地方经济和在城市发展中采取各种违规方法的现象埋下了伏笔。也就是说，我国规划管理体制刚开始建立的时候，就有很强的中央干预特色，这是更大的制度环境所决定的。而在西方国家，城市规划管理通常是市政府的职责。

（2）地位提升与变动阶段（1954～1982年）

由于双重领导方式带来实际工作中的各种困扰，调整组织机构、统一规划管理权力的呼声很快得到回应。1954年6月10～28日，全国第一次城市建设会议在北京举行，会议期间就组织机构问题展开了热烈讨论。会后不久，建工部决定在本部门内将城市建设局升格为城市建设总局（以下简称建工部城建总局），1954年9月前后建工部城建总局正式成立，明确承担"组织和进行重要工业城市的规划设计工作"等10个方面的职能。建工部城建总局成为后来的建设部的前身。

城建总局的成立意味着国家层面规划管理机构地位的提升。

另一个城建总局成立的时代背景是在1954年下半年，中央政府机构进行了一次大调整，而城建总局则经历了从建工部分出，再到成立城市建设部的变化。这是中华人民共和国成立后的第一次大规模政府机构调整。首先是原政务院改组为国务院，撤销原政务院政治法律、财政经济、文化教育3个委员会。然后1954年9月开始中央政府机构调整，截至1956年底，国务院共设48个部委、24个直属机构、8个办公机构及1个秘书厅。与城市规划建设关系较为密切的部门，除了国家计委、建工部之外，还有新成立的国家建设委员会、国家经济委员会和城市服务部等，导致城市规划建设工作协调的进一步复杂化。为此，早在1954年7月，建工部就向国家计委提出成立"城市建设部"的建议，但最初只是成立了城市建设总局。1955年4月9日，城市建设总局从建工部划出，成为国务院的直属机构，下设城市规划局、建筑工程局、建筑设计局、市政工程局和勘察测量局5个专业局。1956年5月12日，撤销城市建设总局，成立城市建设部。

但随着"一五"计划结束，1958～1959年，中央政府组织机构再次进行大规模调整。在这次调整中，1958年2月，国家建设委员会被撤销，成立不到两年的城建部，又合并到建筑工程部中。原国家建委撤销的同年9月，国家基本建设委员会成立，称为二届建委，陈云任国家建委主任；后于1961年1月再次撤销，1965年3月再次成立，称为三届建委，谷牧任主任，1982年5月被再次撤销。其相关机构并入了同期新成立的城乡建设环境保护部。

由上述梳理可以看出，直到1982年组建城乡建设环境保护部之前，国家主管城市规划的机构都一直不断变动，甚至很多部委已经撤销合并（图3-1）。

（3）固定阶段（1982～2018年）

1982年5月，国家基本建设委员会的部分机构和国家城市建设总局、国家建委工程总局、国家测绘总局以及国务院办公室组建了城乡建设环境保护部。1988年，原划归该部的国务院环境保护领导小组独立成为国家环境保护局，城乡建设环境保护部则更名为建设部。2008 年 3 月又改组为住房和城乡建设部。

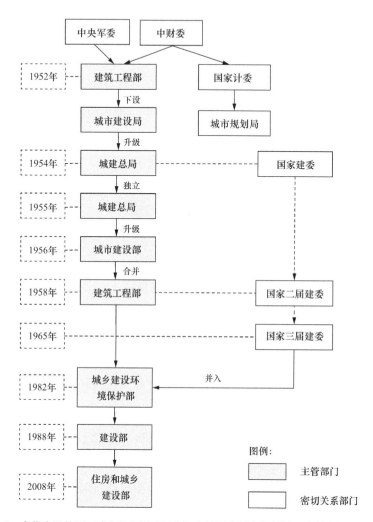

图 3-1　中华人民共和国成立以后至 2018 年之前国家城市规划管理主管部门的演变历程

自 20 世纪 80 年代起，我国才确立了城市规划的行政管理体制，随后城市规划实践体系逐渐得到完善，特别是 1989 年《城市规划法》的制定，其中第九条明确规定："国务院城市规划行政主管部门主管全国城市规划工作。县级以上地方人民政府城市规划行政主管部门主管本行政区域内的城市规划工作。"可以看出，这一行政管理体制是由中央政府城市规划行政主管部门和地方政府城市规划行政主管部门组成的两级结构（图 3-2）。2008 年《城乡规划法》发布施行后，这一两级结构的行政管理体制没有改变，只是进一步明确为"城乡规划管理工作"，各级政府的机构设置依据《城乡规划法》第十一条的规定："国务院城乡规划主管部门负责全国的城乡规划管理工作。县级以上地方人民政府城乡规划主管部门负责本行政区域内的城乡规划管理工作。"

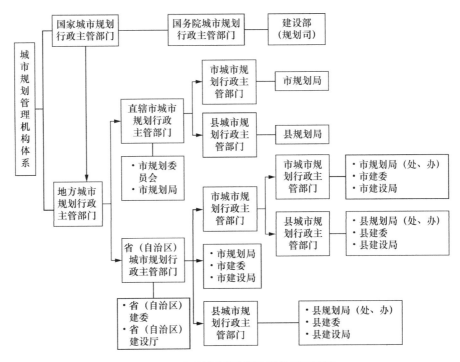

图 3-2　我国城市规划管理机构体系框图

（资料来源：全国城市规划执业制度管理委员会. 城市规划管理与法规［M］. 北京：中国计划出版社，2002.）

3.2.2　地方层面

我国地方政府的行政管理体系分为 4 级，其中有规划管理职能的地方政府分为 3 级，分别是省级、地市级和区县（市）级。其中地级市与其辖区内各区县规划管理部门之间的关系，又可以进一步分为垂直型、半垂直型和分权型三种模式（唐静，耿慧志，2015）。

这一行政体系中，省级规划管理机构的组织结构和工作内容，与住建部的结构基本一致（表 3-1），但地级市与国家及省级主管部门之间、各地级市之间，以及地级市内部并不相同，甚至有很大差异。市级规划管理部门（规划局）主要接受省级住建厅城乡规划处的业务指导，各地市多根据自己的实际情况与具体需要进行组织机构的设置（表 3-2）。例如即便同属常州市规划局的新北分局和武进分局，在组织结构上也有差别（表 3-3）。这种地方政府间的差异性特征，与国家发改系统和国土系统对比来看则更显突出（表 3-4、表 3-5）。由此可见，国家对于地方规划管理的组织机构设置并没有统一要求。同时说明，作为地方政府的职能，地方规划管理部门除了满足国家以及省市的垂直管理要求之外，可以根据地方发展的需要，进行相应的机构设置，甚至是创新。

住建部与江苏省住建厅的组织结构比较（主要业务部门）　　表3-1

序号	中华人民共和国住房和城乡建设部	序号	江苏省住房和城乡建设厅
1	办公厅	1	办公室
2	法规司	2	法规处
3	计划财务与外事司	3	计划财务处
4	城乡规划司	4	城乡规划处
5	住房改革与发展司（研究室）	5	住房改革与发展处（研究室）
6	住房保障司	6	住房保障处
7	房地产市场监管司	7	房地产市场监管处
8	城市建设司	8	城市建设与管理处
9	村镇建设司	9	村镇建设处
10	建筑节能与科技司	10	建筑节能与科研设计处
11	住房公积金监管司	11	住房公积金监管处
12	建筑市场监管司	12	建筑市场监管处
13	工程质量安全监管司	13	工程质量安全监管处
14	标准定额司	14	建筑业发展与综合处
15	—	15	风景园林处

（资料来源：2010年住建部和江苏省住建厅官方网站）

常州市规划局与苏州市规划局的组织机构设置比较（地市级）　　表3-2

序号	常州市规划局	序号	苏州市规划局
1	办公室	1	办公室
2	组织人事处	2	组织人事处
3	总工室	3	总工室
4	规划用地管理处	4	规划技术管理处
5	建设工程管理处	5	建设规划管理处
6	市政工程管理处	6	市政规划管理处
7	村镇规划管理处	7	村镇规划处
8	法规监察处	8	纪检监察处
9	—	9	政策法规处
10	—	10	报建处
11	—	11	信息处

（资料来源：2010年常州市和苏州市规划局官方网站）

常州市规划局武进分局与新北分局的组织机构设置比较（区县级）　　表3-3

序号	武进分局	序号	新北分局
1	综合科	1	综合科
2	规划技术科	2	规划技术科
3	规划建筑管理一科	3	规划管理科
4	规划建筑管理二科	4	规划监察科
5	市政工程管理科	5	窗口
6	规划监察科	6	—

（资料来源：2010年常州市规划局武进分局与新北分局的官方网站）

国家、江苏省、南京市三级发改部门内部机构设置一览表　　表3-4

序号	国家发展和改革委员会	江苏省发展和改革委员会	南京市发展和改革委员会
1	办公厅	办公室	办公室
2	政研室	法规处（政研室）	研究室
3	规划司	发展规划处	发展规划处
4	综合司	国民经济综合处	国民经济综合处
5	运行局	—	—
6	体改司	经济体制改革处 社会事业改革处	经济体制综合改革处 社会事业改革处 企业与市场改革处
7	投资司	固定资产投资处	固定资产投资处
8	外资司	利用外资和境外投资处	对外经济贸易与合作处
9	地区司	区域经济处	—
10	西部司	—	—
11	振兴司	—	—
12	农经司	农村经济处	农村经济处
13	基础司	重大基础设施协调办公室	—
14	产业司	基础产业处 工业处 服务业处	基础产业处（能源处） 工业处 服务业处（经贸处）
15	高技术司	高技术产业处	高技术产业处
16	环资司	资源节约与环境保护处	城市发展和信息化处（资源节约和循环经济处、应对气候变化处）
17	气候司	—	—
18	社会司	社会发展处（就业与收入分配处）	社会发展处
19	就业司	—	—
20	经贸司	经济贸易处	—

续表

序号	国家发展和改革委员会	江苏省发展和改革委员会	南京市发展和改革委员会
21	财金司	财政金融处	财政金融处
22	价格司	—	—
23	价监局	—	—
24	法规司	—	法规处（招投标管理处）
25	国际司	—	—
26	人事司	人事处	人事教育处
27	稽查办	纪检组、监察室 省特大项目稽查特派员办公室	—
28	直属机关党委	机关党委	—
29	离退休干部局	离退休干部处	—
30	储备局	省能源局煤炭电力处 省能源局新能源和可再生能源处 省能源局石油天然气处	经济动员办公室（装备动员办公室）
31	—	经济合作处（援建协调处）	区域合作交流处
32	—	对口支援处	对口支援处
33	—	行政财务处（审计处）	—
34	—	省苏北发展协调小组办公室	—

（资料来源：2016年国家发改委、江苏省发改委和南京市发改委官方网站）

国家、江苏省、南京市三级国土部门内部机构设置一览表　　表3-5

序号	国土资源部	江苏省国土资源厅	南京市国土资源局
1	办公厅	办公室（督查室）	办公室
2	国家土地总督察办公室	驻厅纪检组、监察室	纪检监察处
3	政策法规司	政策法规处（征地补偿安置争议裁决办公室）	政策法规处（调控和监测处）
4	调控和监测司	调控和监测处（研究室）	—
5	规划司	规划处	规划科技处
6	财务司	财务处 审计处	财务处
7	耕地保护司	耕地保护处	耕地保护处
8	地籍管理司（不动产登记局）	不动产登记局（地籍管理处）	地籍管理处
9	土地利用管理司	土地利用管理处	土地利用管理处
10	地质勘察司	地质勘察处	—

序号	国土资源部	江苏省国土资源厅	南京市国土资源局
11	矿产开发管理司	矿产开发管理处	矿产资源管理处
12	矿产资源储量司	矿产资源储量处	—
13	地质环境司（地质灾害应急管理办公室）	地质环境处（地质灾害应急管理办公室）	地质环境处
14	执法监察局	执法监察局（信访办）	执法监察局（信访办）
15	科技与国际合作司	科技与外事处	—
16	人事司	人事处	人事处
17	机关党委	机关党委	机关党委
18	离退休干部局	离退休干部处	离退休干部处
19	—	—	行政审批服务处

（资料来源：2016年国土资源部、江苏省国土资源厅和南京市国土资源局官方网站）

3.2.3　地级市间的差异

接下来，作者试用前文提到的对全国地级市规划管理部门的问卷调查数据，展示2018年国务院机构调整前各地政府规划管理部门之间的差异。本次调查对象为全国287个地级市的规划管理部门（包括4个直辖市），共回收95份问卷。

（1）被调研地级市规划局成立时间

关于此问题共计93份有效数据，各地市规划局成立时间跨度从1957年到2013年。其中1957～2000年成立的占56.99%，2001～2010年成立的占37.63%，2010年以后成立的占5.38%。

（2）被调研地级市规划局工作人员数量

包括有编制的人员和实际工作人员两类信息。被调查的规划局中，编制人数最少为0人，最多为964人。从人数分布来看，编制人数主要在26～50人之间。其中有3个城市规划局编制人员为0，分别是浙江省嘉兴市、辽宁省阜新市、山东省枣庄市；100人以上的城市有7个，分别是上海市、广东省广州市、广东省深圳市、江苏省南京市、云南省昆明市、四川省成都市、湖南省长沙市（表3-6）。被调查的规划局中，实际工作人员最少有12人，最多有899人，平均实际工作人员是63人，中值为46人。实际工作人员人数主要集中在26～50人之间（表3-7）。

总体看来，各市规划局编制人员与实际工作人员普遍存在不匹配现象。实际工作人员与编制工作人员持平的有9个城市，实际工作人员比编制工作人员多的有51个城市，实际工作人员比编制工作人员少的有30个城市。

被调研地级市规划局在编工作人员数量的分布情况　　表3-6

规划编制人数（人）	0～25人	26～50人	51～75	76～100人	100人以上	合计
规划局数量（个）	27	43	11	7	7	95
百分比（%）	28.42	45.26	11.58	7.37	7.37	100

被调查地级市规划局实际工作人员数量的分布情况　　表3-7

实际工作人数（人）	0～25人	26～50人	51～75	76～100人	100人以上	合计
规划局数量（个）	17	36	23	9	9	94
百分比（%）	18.09	38.30	24.47	9.57	9.57	100

（3）被调研地级市规划局内部处室数量

规划局内部处室数量调查有83份有效问卷。其中处室最大的有3个，最多为上海市和辽宁省沈阳市的23个。众数为9个。处室数量最多集中在6～10个。

与规划相关的处室数量调查有95份有效问卷。其中与规划相关的处室最少为2个，最多为湖南省长沙市和四川省成都市的17个。主要集中在6～10个。总体来看，在规划局的处室设置中，与规划相关的处室普遍占到60%以上，个别城市与规划相关处室设置占处室总数比例低于50%（表3-8）。

被调研地级市规划局内部处室数量　　表3-8

处室数量（个）	0～5	6～10	11～15	16～25	合计
规划局个数（个）	9	42	25	7	83
百分比（%）	10.84	50.61	30.12	8.43	100
与规划相关处室数量（个）	0～5	6～10	11～15	16～25	合计
规划局个数（个）	34	52	7	2	95
累积百分比（%）	35.79	54.74	7.37	2.10	100

（4）被调研地级市规划局下属单位

相关调查共计94份有效问卷。规划局下属企事业单位为3个的占比最多，为30.5%，其次为2个企事业单位，占比为27.4%，4个企事业单位占比为18.9%，1个企事业单位占比为13.7%，5个企事业单位占比为6.3%，没有下属企事业单位和6个企事业单位占比同为1.1%。

其中80.9%的城市规划局有下属规划院，44.7%的市规划局有下属勘测院，5.3%的市规划局有下属市政院，9.6%的市规划局有下属建筑院，36.3%的市规划局有编研中心，63.8%的市规划局有下属信息中心，还有36.2%的市规划局有下属其他单位。

（5）被调研地级市的规划管理体系

在被调查的 94 个规划局中，全部实现垂直管理的城市有 8 个，占到 8.5%；完全没有实现垂直管理的城市有 11 个，占到 11.7%；只有区规划分局已经实现垂直管理的城市有 57 个，占到 60.6%。

进一步的规划管理权限分布更加复杂。以地级市所辖各区县的控规编制为例，在 93 份有效问卷中，由市规划局统一组织编制的有 7 个，占比 7.5%；由区县规划分局组织编制的 12 个，占 12.9%；中心城区由市规划局统一组织编制，远郊区县由规划分局组织编制的有 38 个，占 40.9%；其他情况占 37.9%。说明区县控规编制主体复杂，甚至同一城市的不同区县有不同编制主体。

在 93 份有效问卷中，各区县"一书两证"审查和核发工作主要由市规划局审查和核发的有 7 个，占比 7.5%；由区县规划分局审查和核发的有 12 个，占 12.9%；中心城区由市规划局审查和核发，远郊区县由规划分局审查和核发的有 38 个，占 40.9%；其他情况占 38.7%。

各区县规划分局负责人人事关系调查的 93 份有效问卷中，由市规划局统一管理的有 19 份，占 20.4%；区县政府管理的有 14 份，占 15.1%；中心城区由市规划局统一管理，远郊区县由区县政府管理的有 34 份，占 36.6%；其他有 26 份，占 28%。

各区县规划分局一般工作人员人事关系调查的 93 份有效问卷中，市规划局统一管理的有 16 份，占比 17.2%；区县政府管理的有 15 份，占 16.1%；中心城区由市规划局统一管理，远郊区县由区县政府管理的有 35 份，占 37.6%；其他占比 29%。

各区县规划分局经费来源调查的 93 份有效问卷中，由市规划局保障的有 10 份，占 10.8%；区县财政保障的有 21 份，占 22.6%；中心城区由市规划局保障、远郊区县由区县财政保障的有 34 份，占 36.6%；其他占 30.1%。

3.2.4 城市规划管理机构设置中的央地关系分析

从上述各种调研信息汇总来看，城市规划管理是一项地方政府的职能，主要以"市"的行政辖区为单位实施。那么，为什么国家会在我国城市规划管理制度中扮演重要的角色？这与我国的工业化、城市化进程有关。

第一，1949 年以前，共产党长期在农村工作，对城市缺乏全面深入的认识。1949 年 3 月在西柏坡举行的中共七届二中全会中才明确指出："从现在起，开始了由城市到乡村并由城市领导乡村的时期。"中华人民共和国成立后，首先进行的是国民经济的恢复与发展工作，随后伴随着"一五"计划的实施，开始了大规模的城市建设活动。从城市规划与城市发展的关系来看，中华人民共和国成立初期，伴随着社会主义制度的确立和执政党统治中心从乡村转移到城市，建立了对社会主义城市的初步认识，并借由城市规划予以体现。当时认为，社会主义城市最中心、最根本的物质基础就是工业和农业，只有工业发展了，才能带动交通运输业、文化教育事业等的发展，也才有可能出现为这些事业服务的城市。因此，"社会主义城市的建设和发展，必然要从属于社会主义工业的建设和发展；社会主义城市的发展速度，必然要由社会主义工业的发展速度来决定"（"城乡规划"教材选编小组，1961）。这个时期城市建设的指导思想就是在这个认识之下展开的。

第二，变消费城市为生产城市，工业化是 20 世纪 80 年代之前我国的首要任务。而城市是国家实现工业化的主要载体。所以，我国的各个大中小城市，不是体现地方自治的独立单位，而是国家战略中的基础构成要素。在这一指导思想之下，1953 年党中央提出了过渡时期的总路线。毛泽东明确指出共产党在这个过渡时期的总路线和总任务是"要在一个相当长的时期内逐步地实现国家的社会主义工业化，并逐步实现国家对农业、手工业和资本主义工商业的社会主义改造"。中华人民共和国成立之初，是在工业非常落后的基础上提出实现工业化目标的，而且当时普遍认为，城市发展的动力主要是外来的工业建设项目，对城市自身存在的内在发展机制尚没有认识（王亚男，史育龙，2005）。20 世纪 80 年代之前，我国经济理论界和决策界也一直认为工业是国民经济的主体，将工业等同于城市经济，认为城市的经济职能就是工业生产（葛本中，1996）。因此，城市建设长期偏重于生产性活动而轻视非生产性活动，以第二产业为主导，认为城市应以"生产"目的为主，而不是"消费"。

第三，改革开放以后，经济体制改革的中心逐渐从农村转移到城市，对城市重要性的认识发生了根本性改变。最初认为城市是实现国家工业化目标的生产基地，而后先是在党的十二届三中全会提出了"城市是我国经济、政治、科学技术、文化教育的中心，在社会主义现代化建设中起着主导作用"的认识，进而到党的十四届六中全会关于社会主义精神文明建设的决议，不仅对城市公共设施的建设起到促进作用，也使社会各界对强化城市的文化功能和社会功能等非物质功能的认识又前进了一大步（王凯，1999）。这种认识上的转变使城市不再以工业生产为重点，而转向三产、高新技术等领域，重视城市环境和历史遗产的保护，重视经济、社会、环境效益的统一。此后，城市成为中国社会经济发展的主要领域，并终于在 2011 年城市化水平超过 50%，由农业大国、乡土中国转变为城市中国。

通过上述梳理可以得出这样的结论，首先，国家主导的工业化、城市化进程，使得中央从一开始就掌握着城市规划管理的权力，可以说，中国现代城市规划的发展历程是探索中国特色社会主义道路的一种体现（李东泉，韩光辉，2013）。中国共产党从一开始，就在探索适合中国国情的社会制度和发展道路。在对社会主义道路的不断摸索与发展中，城市规划也不断调整与之相适应的目标。在西方，现代城市规划是城市发展的产物，可简单归结为工业化、人口增长、城市化的结果。而在中国，现代城市规划是国家政治、社会、经济环境相互作用的产物。虽然现代城市规划在中国最初的产生是西方移植的结果，其后的发展历程也深深打上了向西方学习的烙印，但今天中国的城市规划已经演化成为自成体系的中国现代化进程的组成部分，是一个基本上独立的进化过程的最终产品。"任何城市规划制度或体系都是与一定国家的社会经济状况相关"（孙施文，1999）。社会制度为中国的现代城市规划制定了工作任务，在探索适合中国国情的社会道路上，随着经济体制的转型，城市所承担的功能在不断发生变化，城市规划的内涵也在不断变化。所以说，中国现代城市规划的问题实际上跟国家发展道路上的问题是一致的。因此，研究中国现代城市规划发展史，一定是在一个变化的意识形态的背景下进行。在中华人民共和国成立初期，巩固政权是首要任务，城市规划的主要任务则是如何体现社会主义的城市性质和特征，并不是如西方资本主义国家的发展历程那样，是解决工业化、城市化之后带来的城市问题。因此，中国现代城市规划体系的建立，典型反映了计划经济特色，目标导向特点明显。而在之后，不论是国家主导的工业化时期，还是改革开放以后的快速城市化时期，它在这种剧变中都未曾表现出混乱，没有西方国家工业化之后所带来的严重的城市问题，应该得益于社会主义的计划经济体制以及其下的城市规划管理体系。

但正是由于其是国家主导下形成的规划管理体制，导致不能灵活应对现实中发生的变化，所以导致城市规划"失灵"的根本原因是体制。中华人民共和国成立后，城市规划对于中国城市发展的积极作用不容置疑。这是因为在计划经济体制中，城市如何发展及发展规模的大小、发展速度等，主要取决于国家计划的安排。城市建设资金几乎全部取决于国家的投资或其投资取向。但在市场经济条件下，城市发展的动力机制发生根本改变，国家与政府的投资越来越少，也就是说，不可"计划"的部分越来越多。这时，计划经济体制下建立起来的城市规划管理体系就表现出与城市发展需要的极大不适应，使城市问题逐渐暴露出来，并不断积累。

总体而言，计划经济体制导致中国的城市规划管理体系具有一定的惰性；改革开放以后，城市规划管理不能很快顺应新的社会经济环境，进一步导致规划失灵。无论在何种制度下，城市规划管理都是一项政府职责，编制和实施城市规划是一种政府行为，规划管理体系与政治体制紧密相关，要顺应时代发展要求，适时进行改革创新。

这一关系不仅产生了独特的行政管理体系，更直接决定了规划管理的制度建设。

3.3 制度建设

我国城市规划体系中的规划管理制度主要分为规划编制与审批管理、规划实施管理、规划监督检查管理三部分。本书侧重规划实施管理，这部分内容既是规划管理制度中的核心内容，也是政府规划管理部门日常管理工作的主要内容。依法行政是政府行政管理工作的一项基本原则，城市规划管理工作也同样要遵循各项法律法规的要求。

3.3.1 以《城乡规划法》为核心的法规体系

与现代城市规划有关的实践实际上早于现代城市规划理论的产生，这就是有关城市卫生和城市建设的立法。作为政府的一项重要职能，现代城市规划中政府干预城市发展与建设的表现首先是通过法制化的途径实施的。由于认为有必要把规划干预作为正式控制手段，从而推进了法规制度的完备（李百浩，1995）。同一时期，我国由于近代的特殊背景，城市规划立法开展得较晚。在抗日战争初期，1939 年 6 月国民政府曾经颁布《都市计划法》，为民国时期城市规划立法之始（张景森，1997）。

中华人民共和国成立以后，特别是"一五"计划开展期间，城市规划的重要性逐渐受到重视。为响应时代号召，1954 年 6 月，当时的建工部在北京召开了第一次城市建设会议，着重研究了城市建设的方针任务、组织机构和管理制度。1955 年 11 月，国务院公布了城乡划分标准。1956 年，国家建委颁发《城市规划编制暂行办法》，这是中华人民共和国第一部重要的城市规划立法。如其名称所示，该办法侧重城市规划的编制，确立了我国城市总体规划和详细规划两阶段的编制体系。

"文化大革命"结束之后，城市规划对城市建设的重要指导作用被重新认识。1979 年 3 月，国务院成立城市建设总局，一些主要城市的规划管理机构也相继恢复和建立。国家建委和城建总局在总结城市规划历史经验教训的基础上，开始起草《城市规划法》。1980 年 10 月，国家建委召开全国城市规划工作会议，要求城市规划工作要有一个新的发展。同年 12 月，国务院批转《全国城市规划工作会议纪要》下发全国实施，第一次提出要加快我国的城市规划法制工作。随后，为适应编制城市规划的需要，国家建委于 1980 年 12 月正式颁发了《城市规划编制审批暂行办法》和《城市规划定额指标暂行规定》两个部门规章。

1984 年，国务院颁发了《城市规划条例》。这是中华人民共和国成立以来，城市规划专业领域的第一部基本法规，标志着我国的城市规划步入法制管理的轨道。该《条例》从城市规划的编制和审批程序，到实施管理与有关部门的责任和义务，都作了较详细的规定，深刻反映了我国城市规划工作的新变化、新发展。首先，根据经济体制的转变，明确提出城市规划的任务不仅是组织、驾驭土地和空间的手段，还要"综合布置城市经济、文化、公共事业及战备等各项建设"，从而跳出了中华人民共和国刚成立时城市规划是"国民经济计划的继续和具体化"的框子，使城市规划真正起到参与决策、综合指导的职能作用，推动经济社会的全面发展。其次，该《条例》确立了集中统一的规划管理体制，保证了规划的正确实施。最后，其首次将规划管理摆上重要位置，改变了过去"重规划，轻管理"的倾向，对"城市土地使用的规划管理""城市各项建设的规划管理"和不服从规划管理的处罚作出了规定。实践证明，科学的规划只有靠有效的管理才能实现它的价值。

1988年建设部在吉林召开了第一次全国城市规划法规体系研讨会，提出建立我国包括有关法律、行政法规、部门规章、地方性法规和地方规章在内的城市规划法规体系。本次会议对推动我国城市规划立法工作、制定城市规划立法规划和计划奠定了基础。事实上，在《城市规划条例》颁布实施后，许多省、直辖市、自治区相继制定和颁发了相应的条例、细则或管理办法。

1989年12月26日，《中华人民共和国城市规划法》（以下简称《城市规划法》）获批，1990年4月1日开始实施。这是中华人民共和国城市规划史上的一座里程碑，标志着我国在规划法制建设上又迈进了一大步。该法与《城市规划条例》相比，更加科学地定义了城市规划的性质、规划编制的基本原则、城市规划区的概念、新区开发和旧城改建的基本方针，增加了城市规划实施的"一书二证"以及规划实施的监督管理、法律责任等方面的内容，明确了城市规划的法律地位，加强了依法实施规划管理的分量。

随后，1991年8月，建设部、国家计委共同颁布《建设项目选址规划管理办法》。1991～1994年，建设部相继颁布了《城市规划编制办法》《关于统一实行建设用地规划许可证和建设工程规划许可证的通知》《城市国有土地使用权出让转让规划管理办法》《村庄和集镇规划建设管理条例》《城镇体系规划编制审批办法》等。1995年5月，建设部颁布《开发区规划管理办法》《建制镇规划建设管理办法》和《城市规划编制办法实施细则》。1997～2000年，建设部又陆续颁布了《城市地下空间开发利用管理规定》《村镇规划编制办法（试行）》等行政法规。

在20世纪90年代，建设部还相继发布了《城市用地分类与规划建设用地标准》《城市规划基本术语标准》，以及《城市规划工程地质勘察规范》《城市居住区规划设计规范》《城市道路交通规划设计规范》等20多项城市规划技术标准和技术规范。至此初步形成了以《城市规划法》为核心，多层次、全方位的城市规划法规体系框架。

进入 21 世纪后，我国城市规划的法制建设，在新的城市发展形势以及科学发展观的思想指导下又有了新的发展。2002 年 8 月，建设部颁布《近期建设规划工作暂行办法》和《城市规划强制性内容暂行规定》。2002～2006 年，建设部又相继颁布了《城市绿线管理办法》《城市紫线管理办法》《城市蓝线管理办法》和《城市黄线管理办法》。这些法规的颁布，说明了现实中对规划管理工作不断加强的趋势。2005 年 12 月，建设部颁布了新的《城市规划编制办法》，首次提出城市规划是政府的一项重要公共政策，成为中国城市规划向公共政策转型的重要标志。随后，2008 年 1 月 1 日起，《中华人民共和国城乡规划法》（以下简称《城乡规划法》）开始施行。

从国家层面来说，到 2008 年，城市规划法制体系中"一法三条例"的建构基本完成，其中除《城乡规划法》之外，还包括《村庄和集镇规划建设管理条例》（由国务院于 1993 年 6 月 29 日发布，自 1993 年 11 月 1 日起施行）、《风景名胜区条例》（2006 年 12 月 1 日起施行）和《历史文化名城名镇名村保护条例》（2008 年 7 月 1 日起施行）。

与此同时，《中华人民共和国行政许可法》（以下简称《行政许可法》）于 2003 年 8 月颁布，2004 年 7 月 1 日起正式施行，是我国行政法体系中的一部重要法律。作为一部规范和限制行政机关行政权力的法律，《行政许可法》明确规定了行政许可的设定、实施机关、实施程序和监督检查的内容。它的颁布对于规范行政许可的设定和实施，保护公民、法人和其他组织的合法权益，维护公共利益和社会秩序，保障和监督行政机关有效实施管理等都具有十分重要的意义。这些约束都在《城乡规划法》以及其他规划法规中得到具体体现。

总之，进入 21 世纪以来，愈发强调依法管理，各项规划管理制度进一步完善。

3.3.2 以"一书两证"为代表的规划实施管理制度

在第 1 章中就已经说明，对于政府的规划管理部门来说，规划管理工作通常分为三大块工作内容：规划编制与审批管理、规划实施管理和监督检查管理。其中，政府主要通过规划实施管理工作落实规划编制内容、实现城市规划目标，并将各类建设工程主要分为建筑工程、市政管线工程和道路交通工程三项内容分别管理（图 3-3），具体操作方式是通过"一书两证"的发放实现全程管理，即项目选址意见书、建设用地规划许可证和建设工程规划许可证。"一书两证"可谓是我国独特的规划实施管理制度。这一制度的确立，统一了我国建设项目的规划管理方式，为我国建设项目的规划管理提供了法律依据（韩志荣，2002）。

项目选址意见书是城市规划行政主管部门依法核发的有关建设项目的选址和布局

的法律凭证。项目选址规划管理的主要目的是保证建设项目的选址、布点符合城市规划要求。比如，大型工业企业选址就涉及城市的交通运输、能源供应、废物排放、通信联系等市政配套设施与城市居住和公共服务设施的配套衔接等，其选址的合理与否，与城市的发展方向、布局结构和城市环境质量有着密切关系。

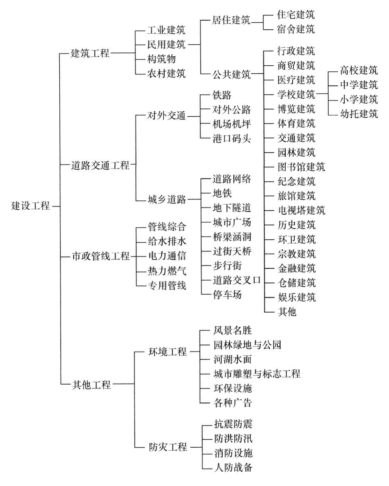

图 3-3　建设工作的具体内容

（资料来源：全国城市规划执业制度管理委员会. 城市规划管理与法规（2011 年版）[M]. 中国计划出版社，2011.）

建设用地规划许可证是经城市规划行政主管部门依法确认其建设项目位置和用地范围的法律凭证。建设用地规划管理的主要目的是实施城市规划，保证各项建设合理使用城市规划区内的土地。

建设工程规划许可是城市规划行政主管部门依法核发的有关建设工程的法律凭证。建设工程规划许可证有如下作用：一是确认城市中有关建设活动的合法地位，确保有关建设单位和个人的合法权益；二是作为建设活动进行过程中接受监督检查时的法定依据；三是作为城市建设档案的重要内容。建设工程规划管理的主要目的是有效地指导各类建设活动，保证各类建设工程按照城市规划的要求有序地建设，维护城市公共安全、公共卫生、城市交通等公共利益以及有关单位、个人的合法权益（图 3-4）。

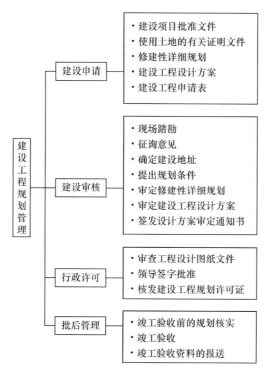

图 3-4　建设工程规划管理程序

（资料来源：全国城市规划执业制度管理委员会．城市规划管理与法规（2011 年版）[M]．中国计划出版社，2011．）

从国家层面来说，这一制度虽然在 20 世纪 90 年代初就正式确立，但其在地方的推行，实际上是一个渐进的过程，是随着政府强调法制化管理、依法行政的过程而逐渐得到普及并加强的。在市场经济的大潮中以及随后而来的快速城镇化进程中，以"一书两证"为核心的规划管理制度有诸多不适。2008 年的《城乡规划法》对此进行了调整，但只是作出了有限调整，使得这一制度在实际运行过程中愈发复杂。

图 3-5 展示的是一个地方区级规划分局对出让地块颁发"两证"的简化流程（根据 2008 年的《城乡规划法》，出让地块不需要颁发选址意见书）。表 3-9 进一步展示了这个分局在颁发两证过程中要具体协调的一些单位。从中可见规划管理实践工作不是单一的规划管理部门能够完成的，需要其他组织的合作与配合。这还是一个具有充分独立规划管理权力、以强调效率为导向的开发区规划分局，在市局或者其他分局，其流程更加复杂。

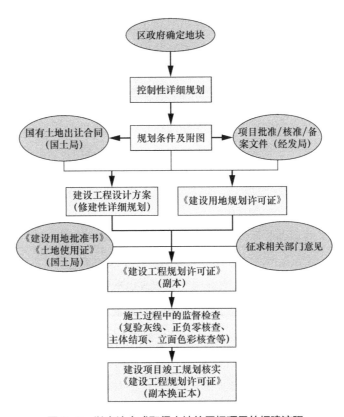

图 3-5　以出让方式取得土地使用权项目的报建流程

（资料来源：常州市规划局新北分局）

常州市规划分局与其他部门协调一览表　　　　　　　表3-9

部门	协调内容	部门	协调内容
国土分局	规划条件、规划选址	区水利局	规划条件、规划选址
	规划用地许可	区城建局	规划条件、规划选址
	规划工程许可	市交通局	规划条件、规划选址
	规划核实	高速公路管理处	规划条件、规划选址
环保分局	规划条件、规划选址	市城市照明管理处	方案审查
区建设局	规划工程许可	市港华燃气公司	方案审查
区房管局	规划核实	市供电公司	方案审查
区安监局	规划条件、规划选址	市自来水公司	方案审查
区消防大队	规划条件、规划选址	区环境卫生管理所	规划核实
	规划工程许可	市照明管理处	规划核实

（资料来源：常州市规划局新北分局）

这样的规划管理制度带来的结果就是，不仅基层政府规划管理部门的工作人员工作量巨大，而且给城市建设效率带来阻碍，间接带来巨大的社会经济效益损失。

对这一制度的终极反思始于 2013 年底，一条名为《一个开发商的万里长征图》的新闻报道引发广泛的社会关注，并得到高层的重视，随后广东省开展简化行政审批流程的改革措施上了新闻联播。这个新闻的主角是广州市的政协委员曹志伟先生。身为一名开发商的曹先生，对涉及规划管理实施工作的建设项目审批流程有切身体会。据新闻媒体报道：

记者采访时，曹志伟展开一张长达 9 米的图纸介绍，"目前在广州投资一个建设工程项目，整个审批流程要经过 20 个委、办、局，53 个处、室、中心、站，100 个审批环节，盖 108 个章，累计审批工作日 2020 天。所以我们把它形容为'万里长征图'。"

繁复的审批程序对每个房地产企业来说都意味着巨大的资金成本和时间成本。而曹志伟的"万里长征图"通过路线设计，成功将审批工作日从 2020 天优化到了 799 天！

这张"万里长征图"就成了"寻宝图"。一些外地投资商初来乍到，不熟悉广州建设工程项目审批流程，索性就把项目审批、建设交给新城市公司来做。新城市公司由此成立了代建项目部，最多的时候一个项目做下来，能挣 2000 多万元。

2013 年 1 月 21 日，在广州市"两会"政协第十一组讨论上，身为广州市政协委员的曹志伟，向广州市委书记展示了优化后 1.8 米长的"万里长征图"，引起极大震动。仅仅按照提案中的测算，企业投资审批的天数就可以由 799 天压缩到 232 天。而曹志伟更是算了笔账，如果把审批时限压缩 70%，每年广州市能省下的建设资金利息就有 30 个亿！

（资料来源：安钟汝. 一个房地产商的万里长征图［EB/OL］. 新浪财经，2013-12-7. https://finance.sina.com.cn/leadership/crz/20131207/155617563144.shtml.）

其实，制度建设存在的问题，规划界早有认识。出版于 2007 年的《社会主义市场经济体条件下城市规划工作框架研究》中，就指出了症结所在：由于历史原因，我国目前的规划管理体制不顺，突出的问题是部门分割、职能交叉、相互扯皮、地域分割等。在宏观层面，发改部门与规划政策脱节，土地批租计划与规划政策脱节，土地利用规划与城市总体规划脱节，使规划实施偏离了城市总体规划的目标。在微观层面，则是相关部门的管理程序融入规划管理程序，增加了工作层次，造成职责不明、程序复杂、效率低下。规划部门与相关部门的关系，实质上是《城市规划法》定位以及与相关法律的关系问题，由于相关部门在立法中过分强调部门利益，造成职能交叉，而各相关法都是针对管理中存在的实际问题而制定的，相互关系不够明晰。因此，部门扯皮的源头在于国家法律之间存在的不协调（陈晓丽，2007）。这本书是为城市规划法修编而开展的课题研究。遗憾的是，研究者发现了问题的原因，但这些问题在《城乡规划法》中还是没有得到根本解决。

3.3.3 以"规划条件"为代表的规划实施管理核心内容

在具体的以项目为代表的城市建设行为中，"规划条件"决定出让地块的价格，也是规划主管部门对地块实施规划控制的重要手段。为什么说规划条件是规划实施管理核心内容？因为这项包含各种指标的规划实施管理工具，将整个规划实践体系串联在一起，让实践体系中的各个组成部分都具有了合理性（图3-6、图3-7）。

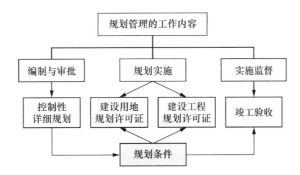

图 3-6　规划条件在规划管理制度的重要作用示意图

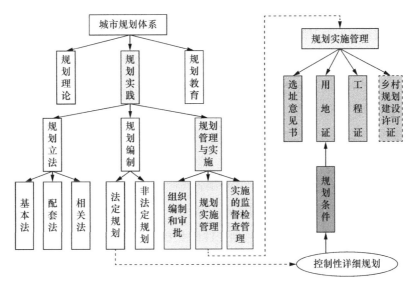

图 3-7　规划条件在城市规划实践体系中的重要作用示意图

"规划条件"又称为"规划设计条件"，最早出现在1989年《城市规划法》中。

其中第三十一条规定："在城市规划区内进行建设需要申请用地的，必须持国家批准建设项目的有关文件，向城市规划行政主管部门申请定点，由城市规划行政主管部门核定其用地位置和界限，提供规划设计条件，核发建设用地规划许可证。建设单位或者个人在取得建设用地规划许可证后，方可向县级以上地方人民政府土地管理部门申请用地，经县级以上人民政府审查批准后，由土地管理部门划拨土地。"1992 年 12 月 4 日发布、1993 年 1 月 1 日起施行的《城市国有土地使用权出让转让规划管理办法》，奠定了"规划条件"的地位，其主要内容成为后来地方规划管理的根本依据。该《办法》第五条规定："出让城市国有土地使用权，出让前应当制定控制性详细规划。""出让的地块，必须具有城市规划行政主管部门提出的规划设计条件及附图。"第六条规定："规划设计条件应当包括：地块面积、土地使用性质、容积率、建筑密度、建筑高度、停车泊位、主要出入口、绿地比例、须配置的公共设施、工程设施、建筑界线、开发期限以及其他要求。附图应当包括：地块区位和现状、地块坐标、标高、道路红线坐标、标高、出入口位置、建筑界线以及地块周围地区环境与基础设施条件。"这一法定地位一直延续到《城乡规划法》中，并且得到进一步加强。《城乡规划法》第三章"城乡规划的实施"的条文共 18 条，其中有 5 条是关于规划条件的。

《城乡规划法》里对规划条件制定的依据、主要内容、在规划实施中的作用、变更程序都作出了详细规定。但对规划条件应包括哪些具体条件，只明确了三项，即"地块的位置、使用性质、开发强度等"。这条规定里既然有"等"字，说明还可以有其他条件，同时，开发强度又不止一个指标。为了在实际工作中落实规划条件的管控作用，各地政府规划管理部门通过条例、办法等方式，作出了更细致的规定。作者曾经在 2016 年组织学生收集整理了《城乡规划法》颁布之后各省市在地方《城乡规划条例》中关于"规划条件"具体规定的内容分析，共统计了 22 个省、5 个自治区、4 个直辖市和 49 个地级市（包括 15 个副省级城市）的《城市规划条例》或《城乡规划条例》。发现不仅各地对此规定差异很大，即便在同一行政单元内部，省级规定与省会（首府）城市也不一样。

13 个省级《城乡规划条例》和 11 个副省级城市《城乡规划条例》中规划条件各指标出现的频数统计显示：① 使用性质、容积率、建筑密度、建筑高度是各地"规划条件"中出现频率最高的指标，规划条件最重要的目的是对土地的开发进行限制；② 地块概况和绿地率、基础设施、公用设施等指标也是规划条件的重要内容，在省级和副省级城市的规划条件中的出现频率比较高。说明地方在制定自己的规划管理条例时，遵循了国家的要求，并进行了细化，如容积率、建筑密度、建筑高度共同构成开发强度指标，同时也体现了控规编制办法的要求（表 3-10、表 3-11）。

13个省级《城乡规划条例》中规划条件各指标出现的频数分布情况　　表3-10

指　标　名　称	出现频数
使用性质，容积率，建筑密度，建筑高度	10次
绿地率，位置，界线（范围），基础设施，公共服务设施	5～9次
建筑后退红线，停车泊位，主要出入口方位，城市设计，地下空间开发利用，建设时序，日照要求，坐标、标高，各类规划控制线	0～4次

11个副省级城市《城乡规划条例》中规划条件各指标出现的频数分布情况　表3-11

指　标　名　称	出现频数
使用性质，容积率，建筑密度，建筑高度	8次及以上
位置，基础设施，公共服务设施，界限（范围、面积、绿地率）	4～7次
建筑后退红线，各类规划控制线，现状，地下空间开发利用，周围地区环境，坐标、标高，停车泊位，主要出入口方位，周围地区环境，现状，建设时序，日照要求，城市设计	0～3次

但将同一行政单元内的两级《条例》进行比较时会发现：首先，虽然这些地方均在《城乡规划条例》中提到了"规划条件"，体现了对《城乡规划法》的落实，但从"规划条件"的具体数量来看，地方间存在较大差异。例如河北省邯郸市"规划条件"数量高达22个，而辽宁、河南等省和洛阳、苏州等市在《条例》中没有对"规划条件"内容的具体规定（表3-12）；其次，不仅数量、等级不一样，规定的条件内容更加没有规律。表3-13特意选取了12个省级行政区及其省会（首府）城市的规划条件具体内容进行比较。

"规划条件"数量的差别分类　　　　　　　　　表3-12

"规划条件"数量（个）	行政层级	行政区名称
0～5	省、自治区、直辖市	辽宁、陕西、甘肃、河南、四川、宁夏、北京、上海、天津、重庆
	副省级城市	沈阳、大连、南京、杭州、厦门、武汉、广州、成都、西安
	地级市	福州、南昌、贵阳、西宁、拉萨、鞍山、淮南、洛阳、淄博、苏州、珠海
6～15	省、自治区、直辖市	吉林、青海、山东、浙江、湖北、广东、贵州、内蒙古
	副省级城市	长春、青岛、宁波
	地级市	郑州、银川、大同、抚顺、汕头
16及以上	省、自治区、直辖市	河北、山西、黑龙江、福建、湖南、江西、江苏、安徽、海南、新疆、广西、西藏
	副省级城市	哈尔滨、济南
	地级市	郑州、海口、乌鲁木齐、包头、齐齐哈尔、无锡、邯郸、徐州

省级行政区及其省会（首府）

编号	1		2		3		4		5	
主要规划条件内容	浙江	杭州	海南	海口	江西	南昌	山东	济南	陕西	西安
地块概况 位置	√	√	√	√			√	√	√	
界线（范围）	√		√				√	√		
标高、坐标					√			√		
面积	√		√	√	√		√	√		
规定性指标 使用性质	√	√	√	√	√	√	√	√	√	
容积率	√		√	√	√	√	√	√		
建筑密度	√	开发强度	√	√	√			√	开发强度	
建筑高度	√		√	√	√		√	√		
绿地率	√		√		√		√	√		
日照要求					√					
建筑后退红线			√		√			√		
各类规划控制线					√			√		
停车泊位					√			√		
主要出入口方位					√			√		
基础设施	√		√	√	√		√	√		
公共服务设施	√		√	√	√		√	√		
城市设计	√				√					
地下空间开发利用	√				√		√			√
指导性指标 周围地区环境								√		
建设时序					√					
其他			节能							

注：表中"开发强度"默认为涵盖容积率、建筑密度和建筑高度三个指标。

城市的规划条件比较　　　　　　　　　　　　　　　　　　　　　表3-13

6		7		8		9		10		11		12	
云南	昆明	黑龙江	哈尔滨	安徽	合肥	吉林	长春	江苏	南京	新疆	乌鲁木齐	广西	南宁
√		√	√	√	√	√	√	√	√	√	√	√	
		√	√	√	√	√		√		√	√	√	
					√								
√		√	√	√	√		√	√			√		
√	√	√	√	√	√	√	√	√	√	√	√	√	√
	√	√	√	√	√	√	√	√		√	√	√	√
开发强度	√	√	√	√	√	√	√	√	开发强度	√	√		
		√	√	√	√		√			√	√		
√		√	√	√	√	√	√	√		√	√	√	√
	√							√					
			√	√	√		√						
		√			√			√					
		√			√			√					
√	√	√	√	√	√	√		√		√	√	√	
√	√	√	√	√	√	√		√		√	√	√	
√		√						√					
√		√			√			√					
												√	
					√			√					
			√		√						√		

这些简单的分析说明：首先，省、自治区有无规划条件与省会（首府）城市有无规划条件没有关系；其次，除了新疆和乌鲁木齐之外，其他省、自治区与省会（首府）之间的"规划条件"没有一脉相承的关系；第三，总体上看，省级的规定比市级的规定更加详细。市一级城乡规划主管部门是落实《城乡规划法》的主体，市一级的《城乡规划条例》中"规划条件"较少。一方面说明了下一级政府比上一级政府更加懂得执行上的难度，因此要留有弹性；另一方面也为在实施过程中的"选择实施、更改实施、违法实施、盲目实施、象征实施和停止实施"等问题行为提供了可能性（董家齐，2010）。

3.3.4 "规划条件"反映的规划管理制度中的府际关系问题

这些差异还只是通过正式的法规文本体现出来的。在实际工作中，各地差异应该更大。规划条件的对比可以简单反映出规划管理制度中的央地关系问题。

一是职责不清。就规划条件来说，由于国家重视，在《城乡规划法》里对其作了多项明确规定。但地方规划管理各级部门的分权意识还未确立，其中主要是省市两级之间的分权。

二是地方管理弹性不足，对现实发展条件的应对不够，"规划条件"与地区发展需要结合不够紧密。大多数地方的《城乡规划条例》中的"规划条件"参考2002年建设部发布的《关于加强国有土地使用权出让规划管理工作的通知》中设置的11项标准进行设置。其中规定了"地块面积、土地使用性质、容积率、建筑密度、建筑高度、停车泊位、主要出入口、绿地比例、须配置的公共设施、工程设施、建筑界线、开发期限"等12项规划条件指标。但在城市的发展过程中，对规划条件的要求是不断变化的，而且各地发展水平差异很大。这些变化并没有在地方规划条例中具体体现。

三是城市规划实践体系本身各个环节之间不能形成有效支撑。如根据《城乡规划法》的要求，城区应实现控规全覆盖，短时间内完成的规划编制内容不能与城市建设现状和发展紧密结合，导致土地出让前后要根据实际需要进行"规划条件"的变更。

四是"规划条件"管理与土地出让政策衔接不畅。城市规划的相关技术规范与土地管理的技术规范相冲突，存在城市规划用地分类标准和数据统计口径与其他部门的技术规范不一致的问题。例如"加油加气站在城市规划中属于市政基础设施用地，在土地局那边招拍挂时，按国土资源部的要求是商业用地""农贸市场，土地部门认为是经营性土地，而城市规划则认为是配套公用设施"等[①]。也为规划管理部门的具体工

---

① 来自地方规划管理部门工作人员的访谈。

作带来困惑。

地方"规划条件"设置的多样化现状反映了地方政府规划管理部门的不同行为动机，究其本质，有的是力图落实《城乡规划法》的要求，有的则是在尽力规避法律的规制（赵民，乐芸，2009）。

3.4 专业教育

一个国家的城市规划体系从整体上说可以分为三部分：规划理论研究、规划实践（规划编制、立法及管理实施）和规划教育（黄光宇，龙彬，2000）。每一部分互相支持又自成体系，其中规划教育尤其重要（图3-8），对整个国家规划体系起到支撑性作用。基本上，理论范式的转变与实践领域的需求转向，都会对规划教育提出新的要求，而规划教育也会起到引领整个学科发展的作用（李东泉，2016）。相应地，近年城市规划实践体系陷入的两难局面，需要从城市规划专业教育角度进一步反思。造成这一局面的原因，在某种程度上是因为传统的城市规划教育将规划编制和实施过程视为一种简单的技术过程，强调运用美学、理性等方法寻找、选择规划手段的过程，而规划管理部门也只能通过图纸来对城市进行控制，忽视了诸如权力、利益价值、意识形态和社会组织制度等社会因素。虽然意识到了问题的存在，但受制于知识结构，并不能提出解决问题的有效措施。

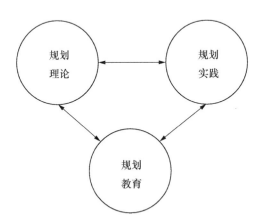

图3-8 城市规划体系的构成及其相互关系示意图

中华人民共和国成立后，我国城市规划教育建立在建筑学基础上。在很长一段时期内，我国的城市规划教育主要依托建筑学和土木工程类专业。这与世界范围内现代城市规划理论与实践的发展脉络一致，也与很长一段时期内我国城市规划自身的定位有关，从根本上反映了时代需要。建筑学基础的城市规划专业至今仍然是占比最大的专业教育份额。

20世纪70年代末～80年代初开始，中国地理学界特别是人文地理学的专业人士开始涉足规划教育，典型代表有北京大学、南京大学、中山大学等著名学校。在此后的20年时间里，各个高校的地理系纷纷改名，或者创办城市规划及相关专业，以至于综合类大学专业招收目录里一度几乎不见地理系的身影（师范类院校除外），甚至引发地理学界老一辈专家学者对地理学前途的担忧。但随着国家对区域规划的重视，城镇体系规划从附属于城市总体规划，逐渐提升到法定规划的地位规划实践领域的需要，有力地促进了规划教育的发展。目前，地理学基础的城市规划专业已经成为中国城市规划专业教育中占比处于第二位的来源。20世纪80年代以来，有其他学科背景的院校开办城市规划专业，繁荣了我国的城市规划体系。至21世纪初，按学科背景，我国规划教育体系的构成可以分为四类：建筑学（65%）、工学（15%）、地理学（15%）和林学（5%）（赵民，林华，2001）。进入21世纪之后，鉴于新的发展形势，规划界对城市规划向公共政策转型的呼声越来越高。在这一时代背景下，中国人民大学公共管理学院于2006年创办了中国第一个公共管理学基础上的城市规划专业——城市规划与管理系，至今已超过10年。这个专业可谓是中国城市规划向公共政策转型的产物。

根据同济大学赵民教授的总结（赵民，2009），在现实背景下强调城市规划的公共政策属性，其深刻意义在于：有助于使各级政府正确理解和运用城市规划机制；使城市规划从业人员时刻不忘规划所具有的价值准则，以及自己所肩负的社会责任；使城市规划学科发展及规划教育与时俱进。城市发展转型的时代提出了规划教育改革的需要，多元学科基础的城市规划专业教育是国家城市规划体系进一步发展完善的必要性内容。城市规划学科的发展有赖于规划教育体系的支撑，完善的规划体系意味着有多学科的规划专业教育。在城市规划作为一种公共政策得到普遍认可的发展背景下，公共管理学基础的城市规划专业在规划理论和规划实践领域都有不可替代的优势，应该成为补足当前我国城市规划体系的一个份额，虽然不是很大，但是符合时代发展需要一个健全的规划教育体系，是反映并引领这个国家规划实践需要的教育体系。中国处于世界范围内最快速的城镇化进程中，同时中国也处于世界范围内最大量的城市规划与设计任务的时代，在这样的时代，如果国家城市规划体系中不仅规划理论研究没有处于繁荣发展的局面，国家的城市规划教育体系也同样不能包容协同发展的话，那么可以预见其在规划实践领域所出现的各种问题。国内最早刊登规划教育的杂志，是1984年《城市规划研究》（《国际城市规划》期刊的前身）第2期的专刊，共8篇文章，来源于1983年9月10～15日，在中山大学举办的"城市规划教育研讨会"。此次研讨会邀请了国内外 30 多个单位的 70 多名专家学者，分别从经济学、社会学、地理学等角度谈规划教育的未来发展趋势，当时的主要思想是规划人才的培养需要多方位、多学科的支持（许学强，1984），特别值得注意的是其中有一篇文章是谈行政管理学与城市规划的关系。30 年过去了，地理学、经济学、社会学等学科都在城市规划的教育体系中占有一席之地，其中地理学更因为同样具有对空间的实质性认识，还确立了其在规划实践体系中的法定地位。相比而言，行政管理学在成为一级学科的城乡规划学培养方案中至今未见踪影，这与城市规划向公共政策转型的社会期望是背道而驰的。回顾 1984《城市规划研究》关于规划教育的讨论，令人不禁感慨良多。在 1983 年的那次规划教育研讨会之后的 20 多年里，规划界越来越深刻地认识到，城市规划是一门综合性的学科，社会与经济转型对于规划师的要求是多方面的，单一的形态规划技能是不能满足社会需要的，规划教育需要多元化、多类型、多层次地开展（陈秉钊，1994；赵民，林华，2001；赵民，赵蔚，2009；赵万民等，2014）。传统的规划教育强调"全才"培养（不排除少量大师级的人物具备社会需要的完备的知识结构，但在专业化的世界里，更多的规划工作需要由不同知识结构的人员分工完成），但由于教育内容越来越庞杂，采取在原有的教学目录上不断叠加新的内容的方式，已经出现负面影响（侯丽，2012）。因此，多元化的人才培养显然不可能再由某一类院校提供，而是要由不同类型、不同学科背景的院校共同承担。

但其前景是否光明？除了其他学科自身的努力，还取决于城市规划体系的整体环境和全体同仁的包容。再以地理学为例，国内最早在地理系开办城市规划专业的南京大学，在 2010 年其主要师资力量（以人文地理学为背景）及其城市与区域规划系却从地理学院分离出来，与东南大学建筑学院培养的师资共同成立了建筑与规划学院（侯丽，2013）。在现实城市发展面临的社会经济问题日益复杂以及学科交叉融合发展的大背景下，城市规划专业是否依然无法摆脱建筑学基础的宿命？这是我们所有从业者需要思考的问题。这一事件有两个可能的解释：其一，凡是了解城市规划学科发展历史的人都会深刻感受到城市规划与建筑学的关系，这种关系深入骨髓，可以说是这个学科自诞生之日起就已经具备的基因。尽管经过一百多年的发展演变，其外在形体和内在思想都发生了很大改变，但这一基因仍在。其二，其他学科进入城市规划的时间相对较短，特别是在中国，对城市规划学科发展的贡献还无法与建筑学相比。要改变这种局面，必须深入了解一个国家的城市规划体系的构成，分析其各个构成部分之间的相互关系，然后寻找发展的突破口，继而形成本专业的立足点。但这样一个理想格局绝非短暂时间内可以形成，一方面有各个学科本身的局限，另一方面城乡规划

学科也存在壁垒。目前，我国的城市规划专业教育还是以职业教育为主，相应的专业
评估标准导致一些非建筑学基础的城市规划教育都感到力不从心，而规划实践同样以
通过专业评估的院校毕业生为规划师的主要来源。可见，目前的规划体系在实践和教
育两个方面是相辅相成的。近年实践领域不断有新的问题提出，业内人士感叹缺乏相
应的人才去解决，这就是规划教育领域需要关注的地方。但解决这些新的实践问题的
方法，并不是让建筑类院校不断修订和补充教学方案，试图通过培养全面型的人才来
应对实践中的新问题。因为对大多数院校和学生来说，这实际上是几乎不可能实现的
目标（作者并不否认建筑院校的规划专业培养方案也需要随着形势的变化不断更新内
容）。究其本质原因，早在 1973 年发表的那篇著名的《If Planning is Everything，Maybe
it's Nothing》的文章，作者就基于对美国城市规划发展的反思指出，当规划扮演越来
越多的角色，试图通过规划解决所有问题时，就已经注定这是不可能完成的任务，因
为规划师的知识结构是有限的（Wildavsky，1973）。同样地，我们在有限的教学时间
内，是不可能让学生全面掌握所有当代规划所需要的所有知识的。真正符合社会发展
需要的城市规划教育体系，应该鼓励不同类型、不同学科背景的院校开设城市规划专
业，由具有不同知识体系，但拥有共同专业基础，如对城市空间属性的认识的城市规
划专业人才共同承担城市规划学科发展的任务。能否实现中国城市规划的可持续发展，
教育是根本，任重道远。

3.5　小结

现代城市规划的产生，在西方是由于工业革命后带来大量城市问题，才必须由政
府出面，通过城市规划这样一种具体的干预手段，去解决"市场失效"所产生的城市
问题。这是一个基本的学科发展以及规划实践的背景。通过本章的梳理可以发现，这
一背景，由于近代特殊的历史基础以及中华人民共和国成立后的国家体制和城市建设
机制，在中国并不完全适应。反而由于中国现阶段面临经济社会转型、高速的经济增
长和城市化进程，同时行政管理体制改革相对滞后，导致城市规划领域的"政府失效"
问题日益突出，这是典型的经济社会转型期的特征（李东泉，李慧，2008）。在市场经
济体制下，社会管理运行正呈现非常复杂的网络关系，规划管理也不例外。因此，规
划管理体制的改革，通过单纯的技术理性不能从根本上解决问题，府际关系调整、政
府向社会分权、深化城乡规划公众参与制度、构建政府间规范的博弈机制是深化城乡
规划管理体制改革的内在要求（曹恒德，2009）。

在了解我国城市规划管理制度的演变过程以及这一变迁的外部制度环境之后，

第4～8章中将结合具体案例开展实证研究，分别展示在现有的制度环境下组织行为的应对方式，以期深入反映我国现有的规划管理制度与规划管理实践之间存在的问题①。

---

① 这些实证研究分别于不同时间完成，部分成果已于期刊发表，在各章中将做出具体说明。

4 规划管理的组织内部关系研究——以常州市规划局新北分局为例 ①

规划管理制度的核心内容是规划实施管理，体现政府对城市建设行为进行规划实施管理的就是"一书两证"制度。这一制度虽然形成于 20 世纪 90 年代初期，但其思想带有计划经济体制色彩，在实际推行中遇到的各种问题是当时的制度设计者没有完全考虑到的。从国家主管部门来说，对这种刚性制度很难随意调整。于是，在城市化快速发展时期，中国政府组织制度环境中的政策一统性与执行灵活性的特点发挥了作用。为有效促进地方发展，地方政府规划管理部门不得不自行采取一些改革措施，表现出地方在执行统一的国家政策时发挥的主观能动性和灵活性，经济发达地区尤其如此。江苏省常州市规划局新北分局即是其中之一。虽然这是一个工作人员不足 30 人的地方规划分局，但对于认识我国规划管理制度在地方的执行情况特别有代表性。作为一个出身于开发区的规划分局，一方面，它的机构设置是国家规划管理制度的直接体现（三个主要科室，分别对应规划编制、规划实施管理、规划监督检查管理）；另一方面，他们在实际工作中，直接面对各种利益主体的要求，促使他们要不断对自己的工作进行改革创新，以应对地方发展的压力。所以，本书第一个实证研究案例即以常州市规划局新北分局为研究对象，对于该分局成立以来所采取的一系列组织创新举措，运用社会网络分析方法进行实证分析，描述该分局组织运行中的整体特征和各部门之间的关系。然后运用组织理论中的相关内容对该规划分局的组织创新及其运行效果进行剖析，从组织与制度的关系的角度分析了个体组织和制度机制在规划管理改革中的具体表现。

4.1 常州市规划局新北分局的发展历程及其规划管理工作特点

常州市新北区的前身是常州国家高新技术开发区，成立于 1992 年 8 月 28 日。建立之初的管委会将高新区的规划和国土部门整合在一起，成立了规划国土局，下设规划处承担高新区的规划管理职能。2002 年 4 月，常州市进行了行政区划调整，在

---

① 这项研究最早开始于2008年，作者在那时已经发现，在新的发展形势下，传统的城市规划管理部门面临新的挑战，规划管理制度改革迫在眉睫。研究成果几经修改，部分成果最终发表在《城市规划英文版》（City Planning Review）2017年第4期。

原高新区基础上建立新北区，成为常州市下辖的 5 个行政区之一，辖区总面积扩大到 439.16 平方公里，下辖 3 个街道和 6 个镇，共 150 个行政村和 27 个社区居委会。同年 9 月，规划国土局分离为常州市规划局新北分局和常州市国土局新北分局。常州市规划局新北分局受常州市规划局委托，履行新北区范围内的规划管理工作，承担了规划研究与编制、规划实施与管理、规划监察执法等职能，内设 4 个职能科室：综合科、规划技术科、规划管理科和规划监察科。

常州市规划局新北分局自成立至今，针对管辖区域大、事务多、人手少的现实条件，围绕"提高行政效率，简化办事流程"这一目标，多次进行内部组织结构调整，优化人员分工与管理程序，主要的规划管理工作改革包括以下几方面。

（1）组织机构调整

在内部组织机构设置上，于 2003 年首先推出窗口一站式服务制度，将对外受理的报建事项加以集中，免去了报建单位在不同部门之间来回奔波的麻烦；2005 年进一步增加了窗口的职能，对零收费区内的工业项目"一书两证"和方案审批由窗口直接办理，不再转入相关科室经办，实现了分段管理中的分类管理。前期窗口的工作属于规划技术科的职责范围，2008 年窗口独立，相当于又设置了一个科室。

（2）管理方式创新

在管理方式上，从最初按分段管理模式进行"一书二证"的核发，到将工业项目单列出来实现分类管理，再到 2007 年开始尝试建立区域分片、人员分片、管验分片的"三分片"管理模式，不断优化上一层次和下一层次的无缝对接，使规划管理信息传递距离缩短，以便有效减少审批时间（表 4-1、表 4-2）。

建设项目分类表　　　　　　　　　　　　　　表4-1

类别	分 类 内 容
一类项目	① 需对城市总体规划、分区规划及经市政府批准的控制性详细规划的用地性质进行调整的项目； ② 城市总体规划、分区规划确定的市级重大基础设施项目（如城市高架路、轨道交通、跨区域的城市主干道、大型绿地、广场等）； ③ 事关全市城市功能和形象的重大社会公共事业项目、城市主要道路两侧的大型建筑、较大规模的住宅小区
二类项目	① 一般性的社会公共事业项目（教育、文化、体育、卫生、商业金融等）； ② 一般规模的居住小区和单体建筑项目； ③ 区级以下市政基础设施项目
三类项目	① 各级各类开发园区和其他区域内的工业项目； ② 建筑面积小于 5000 平方米或建筑高度小于 24 米的单体建设项目； ③ 民房工程； ④ 以上所有项目的配套市政工程

（资料来源：常州市规划局新北分局）

新北区规划管理各部门的主要职责 表4-2

阶段	所属部门	具体管理内容
1	技术科	参与区内一类项目的规划选址，负责区内二、三类项目的选址及规划设计要点拟定；核发建设项目选址意见书及规划设计要点通知书
2	管理科	负责区内二、三类项目规划设计方案的审查；组织二、三类建设项目的规划设计方案的竞选；负责区内二、三类项目建设用地许可证的核发
3	管理科	负责区内二、三类项目建筑设计方案的审查和建筑设计要点的拟定；组织二、三类建设项目建筑设计方案的竞选；负责区内二、三类项目建设工程许可证的核发
4	监察科	牵头组织建设项目竣工验收

注：1. 市政工程项目的规划编制，区内二类项目中市政交通工程规划方案的审查和报批；区级市政管线工程详细规划方案的审查和报批；区级市政工程（含城市绿化、户外广告、城市雕塑等）建设工程规划许可证的核发均由管理科负责。

2. 区内民房建设的报批，核发民房建设工程规划许可证；区内临时建设工程的选址、报批、发证等均为管理科负责。

（资料来源：常州市规划局新北分局）

（3）管理流程和管理内容改革

在管理流程和管理内容方面，提出"重心前移"，即通过加强规划研究工作，突出规划管理在城市发展决策中的地位。为此，在分局成立之后的短短时间里，组织编制了大量非法定规划和规划研究项目，涉及的领域已经从传统的空间规划走向研究如何与新区的社会经济发展相结合，为规划促进城市发展、寻求科学的规划管理依据奠定了基础。

一系列改革之后的组织运行，呈现出一些新特点。本研究将运用社会网络分析，对其组织内部的运行情况进行分析，从中可以发现当前规划管理工作中的普遍规律，也可以检验其以往的改革成果，并寻找当前组织运行中存在的问题，以便对今后的组织结构调整提出建议。

4.2 数据的获取

社会网络分析主要对关系数据进行分析。关系数据的获取有多种途径，包括访谈、文献研究、问卷调查、观察等（林聚任，2009）。本章通过问卷调查共获取3组关系数据，具体如下。

第1组数据是全部工作人员对他们彼此之间有无直接工作联系的评价。该数据为二分数据，即有直接工作联系的赋值为"1"，没有直接工作联系的赋值为"0"。根据问卷调查获得的数据，可以构建如表4-3所示的矩阵。

<table>
</table>

		1	2	3	4	5	……
		LJH	GKG	LYZ	FZL	LGL	……
1	LJH		1	1	1	0	……
2	GKG	1		1	1	0	……
3	LYZ	1	1		1	1	……
4	FZL	1	1	1		1	……
5	LGL	0	0	0	1		……
6	JH	0	0	0	0	0	……
7	HSF	0	0	0	1	1	……
……	……	……	……	……	……	……	……

新北分局全体工作人员的工作联系矩阵（局部）　表4-3

第2组数据是全部工作人员对分局5个科室之间工作联系的密切程度评价。

该数据为赋值数据，即按照密切程度，赋值分别从5到1，赋值越高，说明联系越密切。同样可以建立一个基于各个科室的矩阵。

第3组数据是全部工作人员再选择5个与自己工作联系最密切的人，并对密切程度给予评价。该数据也为多数值数据，评价方式与第2组数据相同，矩阵形式与表4-3类似。

4.3 新北分局的组织运行分析

接下来用社会网络分析软件 Netdraw，对新北分局规划管理的实际运行情况进行分析。

4.3.1 整体特征

（1）网络密度和平均结点度的分析显示新北分局工作人员的工作联系较为紧密

用第1组关系数据，通过社会网络图法，可以直观地表达全体工作人员的工作联系密度（图4-1），还可以进一步通过网络密度计算，进行量化分析。图4-1为无向图，密度计算方式是图中实际拥有的连接数与最多可能拥有的线数之比，取值范围为〔0，1〕。密度反映的是社会网络关系的密切程度，密度越大，表明网络成员之间的关系越密切，是社会网络分析最常用的一种测度（斯科特，2007）。计算结果显示，新北分局整体网络密度为0.507，表明该分局工作人员的工作联系较为紧密。

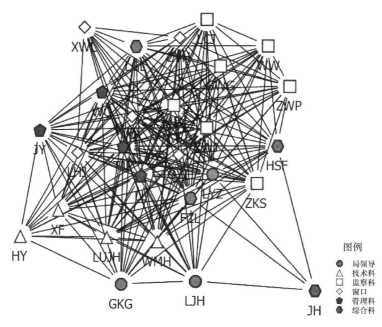

图 4-1　规划分局工作人员的网络关系图

注：根据工作人员之间关系的方向性，可以把网络图分为有向图和无向图，本图为无向图，只测量工作人员之间有无直接的工作联系。图 4-2 为有向图。

（2）子群分析揭示了新北分局各科室正在融合的结构形态

社会网络分析中，特别关心对某些关系密切的子群的研究，因为构成社会网络的基本元素就是行动者及其群体。如果网络中存在较多的凝聚子群，并且这些凝聚子群间缺少交往，这样的关系结构不利于整体网络的发展（侯赟慧等，2009）。因此，子群分析对于今后组织结构和管理流程的调整具有重要意义。对新北分局来说，其机构设置中的 5 个科室就是理论上该组织的网络子群体，但实际组织运行中形成了怎样的子群体呢？

我们用第 3 组数据，根据赋值结果和工作联系方向，绘制出分局内部的工作联系图，结果如图 4-2 所示。图中结点与结点间线段的粗细代表联系的密切程度，箭头代表工作联系的方向。该图为有向图，A、B 两人之间是双向箭头时，说明工作联系是双向的，即两人都认为跟对方有密切的工作联系；当箭头是从 A 指向 B 时，说明工作联系是单向的，即只有 A 认为跟 B 有密切的工作联系。

根据这一结果，对该规划分局组织结构的现状特点进行进一步的描述。

①从图 4-2 中可以看出，新北分局内部从工作联系角度看，存在两个大的一级子群体，分别是右边的监察科与管理科，以及左边的技术科、综合科和窗口。这一结构形态，与该组织的领导分工和机构设置基本符合（图 4-3）。

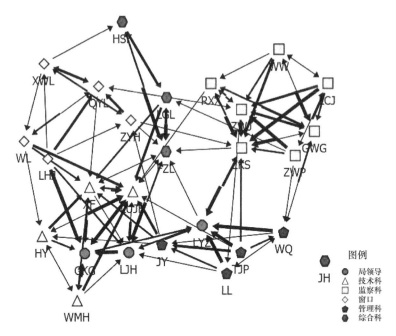

图 4-2 全体工作人员工作联系赋值图

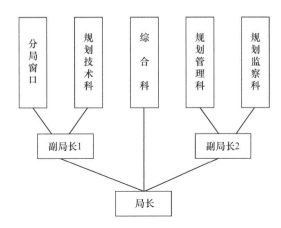

图 4-3 新北分局现状组织结构示意图

② 规划技术科、管理科和局领导之间的工作关系较为紧密，部门界限不明显，共同形成了一个二级子群体。说明在这三个部门之间，信息传递距离较短。

③ 监察科是相对独立的一个二级子群体。在监察科中，部门成员的去向联系大多指向部门领导，而与其他部门联系较少。

④ 窗口作为后设的机构，有相对独立的一面，这一点与监察科类似；与此同时，由于设立初期隶属于技术科，所以其与技术科的工作联系看上去更为密切。

⑤ 技术科的 LUJH、监察科的 ZKS 和综合科的 FZL 是分局内部工作网络中的关键人物。相应的结点度和中心度分析进一步验证了这一认识。

4.3.2　部门间关系

每一个有组织的人类活动，都提出了两大基本而又对立的要求：一是把劳动分工成有待执行的不同任务；二是把这些任务协调起来，完成该活动。这就是组织结构的本质（明茨伯格，2007）。目前规划管理部门的组织结构大多按照分段式管理的思路进行设置（图4-4），对部门关系进行的社会网络分析可以展示各段之间的关系。

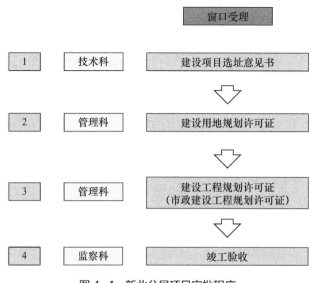

图4-4　新北分局项目审批程序

（资料来源：常州市规划局新北分局）

根据第2组数据，构建了如表4-4所示的关系矩阵，表中数据为全体工作人员对科室之间工作联系密切程度评价的均值。

新北分局科室之间工作联系矩阵				表4-4
	规划技术科	规划管理科	监察科	综合科	窗口
规划技术科	0	4.63	3	2.87	3.91
规划管理科	—	0	4.5	3.18	3.41
监察科	—	—	0	3.1	3.67
综合科	—	—	—	0	2.81
窗口	—	—	—	—	0

注：该矩阵中的平均关系密切程度为3.51。

部门关系的分析可以作为获知该分局组织内部运行情况的补充。从上表可以看出如下结论。

① 规划技术科与规划管理科联系最密切，规划管理科与监察科的联系次之，说明"规划编制—实施管理—监督检查"的三段式规划管理模式依然是该分局的主要特征。

② 窗口与规划技术科联系最密切，与监察科和管理科的联系次之，但总的说来，与这三个科室的联系基本平衡。说明窗口的设置，体现了一站式服务的精神，部分实现了分类式管理的设计初衷。

③ 综合科与其他各个科室的联系密切程度都不高，但也基本平衡。说明综合科作为分局的综合服务部门，其职能得到了很好的体现。

4.3.3 个人位置

组织网络中，总有几个人显得特别重要，对网络的形成和运行起到关键作用。在整体网络特征的分析中，已经显示技术科的 LUJH、监察科的 ZKS 和综合科的 FZL 是分局内部网络中的关键人物（参见图 4-2），进一步运用社会网络分析中的其他概念和调查问卷获取的关系数据，可以显示出他们在组织运行中分别扮演了不同角色。

（1）FZL 是组织中最"受欢迎"的人物

在有向图中，可以根据方向的不同，把结点度分为内结点度和外结点度。本章所研究的网络中，内结点度表示指向某一人员的线条数目，即有多少人与这个人有直接的工作联系；外结点度表示这一人员关联到其他人员的结点数目，即这个人与多少人有直接的工作联系。内结点度可说明接纳度或受欢迎度，而外结点度可说明一个人的影响力（林聚任，2009）。

使用第 1 组数据，经过计算发现，在全体分局工作人员中，FZL 的内外结点数都是最高的。FZL 作为综合科科长，这一结果反映了他的工作性质与工作特点。

（2）LUJH 是整个网络的核心人物

中心度是社会网络分析中最重要的概念之一，包括结点中心度、紧密中心度、间距中心度等，测量的是行动者在社会网络中的中心性位置，反映的是行动者在社会网络中的位置和结构的差异（林聚任，2009）。在有向图中，结点中心度是一个结点的内结点度和外结点度之和与连线总数的比值，数值越大代表该人员越处于工作联系的核心地位。在以个人为中心的结点中心度分析中，技术科的 LUJH 数值最大，监察科的 ZKS 次之。如果用考虑了间接关系的紧密中心度进行进一步的计算，会发现 LUJH

同样具有较高的紧密中心度（图 4-5，其中与 LUJH 具有同样紧密中心度的还有 FZL、XF）。在本网络中，紧密中心度表示工作人员和其他人员之间关系的密切程度，越密切代表该工作人员在工作联系网中越处于中心位置。

综合来看，分析表明 LUJH 与网络中大多数成员的距离都比较紧密，是分局网络中的核心人物。实际访谈与观察中也发现，作为技术科科长，他既是局领导与本部门的重要结点，也是不同部门之间工作联系的枢纽。

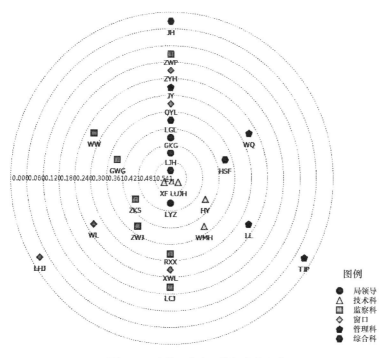

图 4-5　全体工作人员的紧密中心度

（3）ZKS 是网络联系中的重要中介

在结点中心度分析的基础上，如果用间距中心度作进一步的分析，可以发现 ZKS 是分局内部网络中的重要中介。

间距中心度指的是网络图中某一结点与其他各点之间相间隔的程度，表示一个点在多大程度上是图中其他点的"中介"，或者说测量的是结点能在多大程度上控制其他行动者，而此类行动者也往往具有沟通桥梁的作用（林聚任，2009）。在新北分局的内部网络中，ZKS 的间距中心度显著大于其他结点（图 4-6）。再结合图 4-2 可以看出，对于监察科来说，科长 ZKS 处于监察科与其他部门进行工作联系的重要桥梁位置，但是这种作用在其他部门中并不显著。

需要进一步说明的是，尽管具有同样高的结点中心度，但 LUJH 和 ZKS 在网络中所起的作用不尽相同。LUJH 具有较高的紧密中心度，而 ZKS 具有较高的间距中心度，说明前者与网络中大多数成员的距离都比较紧密，而后者主要体现为连接监察科与其他部门的重要桥梁。

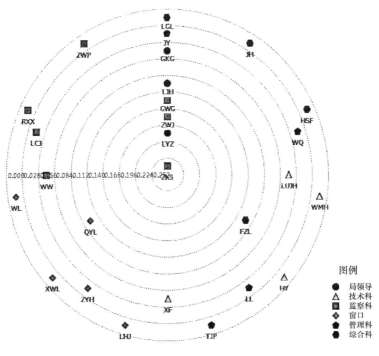

图 4-6　全体工作人员的间距中心度

4.4　对新北分局组织行为的解释

制度学派的主要观点是主张从组织与环境的角度来研究组织的现象，认为组织是一个开放的系统，受到技术环境和制度环境的影响。其中技术环境中的竞争机制和效率机制影响组织的结构和行为，而制度环境中的社会信念和规则系统则影响组织的形成和组织的运作（湛正群，李非，2006）。新北区的规划管理工作，脱胎于开放的开发区体制，又受制于计划经济思维下设立的典型的三段式规划管理模式。两者有较大冲突。接下来，研究将运用组织理论的相关内容对其一系列改革行为及成效作进一步解释。按照组织理论中制度学派的解释，前者是技术环境，后者是制度环境。在实际工作中，为了适应地区经济发展需要，分局结合自身的管理权限，先后实施了多项改革措施，以提高规划的科学性和管理工作的效率。改革之后的成效，在上一节中已经通过社会网络分析方法予以揭示。

4.4.1 相对宽松的区域行政管理体制

新北区作为一个国家级高新技术产业园区，与其他开发区一样，从1992年成立至2002年之前，采取的是管委会的管理体制，规划管理职能下设在高新区的规划国土局，对属地的规划管理业务采取的也是相对简单粗放的方式，核心管理目标是为开发区招商引资提供服务。2002年常州市区划调整之后，新北区成为一个独立的行政区，规划管理职能与常州市政府的机构设置对应，成立了规划分局，并仿照一般规划局的职能构成，设置了三个主要职能部门——规划技术科、管理科和督察科。但由于新北区作为开发区的独特地位，常州市规划局给予了新北分局较大的自主权，如新北分局享有规划编制权力，区域内规划建设项目"一书两证"的颁发也享有实质上的自主权，常州市规划局只有名义上的行政许可权。

新北区行政体制的发展历程，简单概括了开发区这样一种先行先试区域在经历了初期的效率为先的发展阶段之后，管理逐步走向规范化、合法化的过程。但与其他城区相比，至少在规划管理方面，由于常州规划局充分下放事权，并没有对其具体工作进行过多的行政干预，而地方所处的经济发展压力继续发挥着激发新北区政府规划管理主动性的作用，因此才有了其后的一系列改革措施。这是新北分局组织结构创新的重要制度背景。

4.4.2 区域经济增长压力激发组织对管理效率的追求

进行改革的主要动力机制是为了提高组织管理的效率，激烈的区域竞争环境则是促使新北分局通过改革提高效率的直接原因。由于常州市新北区地处竞争激烈的长三角特别是苏锡常地区，又被看作地区经济增长极的开发区，因此其规划分局对组织机构和工作流程进行改革的主要目的是提高工作效率，以满足区内工业和开发商的需求并吸引新的投资。新北分局所采取的窗口一站式服务制度、对审批项目实施分类管理、不断加强规划编制工作等改革措施，都是出于提高效率、更好地服务地方政府招商引资的目的。

通过前面的社会网络分析结果，我们可以更客观地评价这些努力的成效：① 该组织网络密度较高，是一个工作联系较为紧密的组织，也体现了该组织长期以来致力于提高工作效率、减少不同层次之间信息传递距离的努力；② "规划编制—实施管理—监督检查"的三段式规划管理模式依然是该分局的主要特征；③ 试图打破"三段式"模式的"三分片"的努力或许加强了片区管理的责任制，但在管理效率和内部交流互动的流程改造方面，并没有突出的表现；④ 规划技术与规划管理互动频繁，表现的是

"非法定规划内容和规划项目"的活跃，这是创新努力的体现；⑤ 但窗口服务对部门服务的替代性不强，窗口只是起了联系的作用，没有一线处理问题的能力。这些结果说明新北分局在改革的进程中取得了不少成效，但还面临着相当大的阻力，需要通过合法性机制予以进一步解释。

4.4.3　多重制度约束下的组织结构的妥协

作为镶嵌在社会环境中的组织，其内部权力格局会受到环境制约要素的影响（金淑霞、王利平，2012）。对新北分局这样的基层政府规划管理机构来说，其组织运行受到多重制度环境的约束，简单说来可以分为两个方面：一是纵向的专业化的规划管理体制的影响，二是地方政府本身的行政管理体制的影响，而且这两种体制之间还存在冲突。那么既有的体制环境如何影响到新北分局的组织运行呢？进一步的解释必须与制度理论的合法性机制结合起来。

首先，新北分局是一个相对专业化的政府组织——主要负责地方政府的规划管理工作，为新区发展建设提供专业化服务。虽然身处开发区相对宽松的制度环境中，但新北分局的组织结构无法彻底摆脱行业管理的制度约束。众所周知，我国政府的行政管理体系具有明显的条块特征，作为隶属于规划建设领域的政府部门，新北分局的组织结构受到体制内自上而下的垂直管理的制约，这就是中国城市规划管理制度确立之初所确定的三段式结构（Li，Lan，Wei，2017）。新北分局的四个业务性部门中（综合科除外，参见图4-4），除了窗口是为提高管理效率而新设置的部门之外，其他三个部门——技术科、管理科和监督科，其职责分别对应的正是中国规划管理工作的三块主要内容——规划编制与审批、规划实施管理和监督检查管理。这种垂直结构下的职责划分，在组织的运行中影响了不同部门之间的横向交流，有碍组织内部信息传递，进而影响组织效率的实现。

其次，作为基层政府的规划分局来说，不仅受到中国纵向规划管理体制的影响，也直接受到地方政府自身官僚结构的影响。所以我们可以看到，新北分局的规划管理改革依然受制于原有的科层制的组织结构设计，典型如组织内部领导权力的划分。如图4-3所示，分局领导采取的是分管科室的领导方式，本来是为了明确事权，但由于并没有按照规划管理工作的三段式结构进行划分，而是每个分局领导平衡配置科室，使得专业部门之间关系上也明显存在两个子群的现象（参见图4-2）。这样的权力配置方式，不是出于效率的考虑，也影响了部门之间的有效联系。一站式服务的方式，也是一种明显从众的改革努力。大多数的地方政府一站式改革，有十分严重的路径依赖现象，只是增加了一个前台部门，管理程序和服务方式、质量都没有大的变化，工组人员之间的网络关系也没有根本意义上的改进。

可见不同层次的外部制度环境，对其组织运行都在不同程度上产生了影响。而高层次的制度约束，特别是条条上的制度设计，从合法性机制来说，地方政府部门很难突破，这可能是中国规划管理工作在体制机制改革方面所面临的最大难题。

4.5　小结

本章是使用社会网络分析方法对地方规划管理部门的工作关系和组织结构创新结果分析的一个初浅的努力，力求寻求一种客观标准，来审视主观改革创新努力的成果。研究显示，在中国快速的社会经济转型过程中，像常州市新北区这种处于经济发达地区和激烈区域竞争格局下的地方政府更能敏锐地捕捉环境的变化，并作出回应。由于是开发区这种市场经济下的新生事物，宏观制度环境给予其相当大的自主权力，也同时对其提出了不断改革创新的要求。但就改革的成效来说，新北分局的组织运行效果同时受到了多重制度结构的影响。一是从开发区转变为常州市的一个行政区，虽然管辖范围扩大、管理职能增加，但纳入传统的行政管理体系之后，上级地方政府对其约束力也显著提高，其原有的组织自主权力和灵活开放的制度环境受到一定程度的制约。二是自 20 世纪 90 年代建立起来的城市规划管理体系，作为行业的基本管理制度，不仅是地方规划局存在的依据，同时也是地方规划局不能突破的制度障碍。三是，更重要的是，由于各级政府在纵向和横向的管理方式之间没有建立有机衔接，甚至存在冲突之处，使得新北分局这样的基层地方政府规划管理部门的改革处于重重约束之下。总之，新北分局的实证研究说明，地方规划管理部门出于区域竞争的压力，通过组织结构改革提高效率。但同时由于合法性机制的存在，又深受中国固有的政治体制和行政管理体制的制约，组织变革的空间有限。这一点可以说是中国地方政府各部门改革中普遍存在的特点。

制度理论还告诉我们，组织也在不断适应并影响着迅速变化的环境，组织发展方向制定的过程一般始于对外部环境的机会与威胁的分析（达夫特，2008），新北分局即如此。而且，制度演进是一个结构与参与者的互动过程，即参与者个体或群体受制度结构约束，同时也通过日常活动对制度结构不断进行修正（陈晶，张磊，2014）。也就是说，制度环境对组织的影响并不是单向的，制度固然会约束组织的行为，但组织也会通过社会互动对制度变迁起到驱动与引导作用（陈嘉文，姚小涛，2015）。因此，这一案例剖析还带来如下思考：当前这种自上而下的正式的城市规划管理制度在多大程度上吸收了地方政府规划管理创新？面对区域差异巨大的发展现实，如果中国各地的规划管理主要依赖自上而下的约束，缺乏地方规划管理者的参与，那么这样一种缺乏充分参与的制度体系，是否对行业发展形成制约？

我们希望看到的是这样一种良性循环：微观层面的制度增量（如新北分局为应对区域发展的竞争压力而进行的规划管理工作创新）会从结构上影响宏观的、正式的制度安排（如国家制定的规划管理的法规和政策等），而宏观层面的制度变革也会促进微观制度的有效变迁。这将是我们所乐见的制度变迁。

5 规划管理中的央地关系：以"三规"冲突为例

  2018 年国务院作出的机构调整决策，其原因在很大程度上来自于之前多年业已出现的"三规"冲突问题。"三规"冲突既是原有的城市规划管理制度不能适应城市发展与建设现实需要的集中表现，同时也是研究政府与规划管理有关的组织间关系的典型案例。在 2018 年国务院机构调整之前，国民经济和社会发展规划、城市总体规划和土地利用总体规划（简称"三规"）之间的矛盾已热议多年。许多城市在规划管理实践中进行了"三规合一"方面的创新探索，不论是机构合并还是规划编制和管理机制创新方面，都取得了不同的成效。在接下来的三章中，将以"三规"冲突及其应对方式为研究对象，分别从央地、地市级和县市级的不同尺度，分析规划管理领域府际关系的多样性和复杂性。

  我国的城市规划管理体系是在计划经济体制下成长起来的，长期以来，规划编制过程往往是政府单方意愿的表达，社会其他相关利益主体的需求常常在实际操作中被有意或无意忽视（刘宏燕等，2005）。同时，规划编制的组织者习惯于"关起门来做规划"，在计划的形成过程中没有进行充分的协调，导致编制计划与其他政府职能部门和地方政府的工作计划在一定程度上脱节，并由于主导部门不同，进而导致在项目进行过程中，出现相互脱节、相互牵制的情形（蒋峻涛，2007），"三规"冲突就是典型表现。产生这些问题的根本原因，在于我国政府管理体制的架构是建立在计划经济时期所确立起来的基本分类基础上的（孙施文，2007），与规划管理的综合属性存在不可调和的矛盾。所以，"三规"冲突首先要从央地关系的角度进行分析。在本章即第 5 章中将首先从法律规定、土地财政、央地关系三个方面剖析"三规"矛盾产生的根源。

  第 6 章中将选择三个城市（上海、广州和哈尔滨）作为典型案例，实证分析造成"三规"矛盾的体制性原因及地方政府进行"三规合一"的动力机制，并从制度经济学交易成本的角度，进一步分析地方政府采取的应对策略所付出的协调成本和激励成本。

  第 7 章将进一步结合广州市的"三规合一"创新工作，将研究单元落实到具体负责规划管理实施的区县（市）一级，运用政策网络理论，考察同一政策在同级政府间的实施差异。就广州市而言，由于规划管理的实施权限是下放到区县一级的，即便市级层面发挥了极大的动员能力，投入大量人力、物力、财力以推动实质性的"三规合一"，但具体到区县层面，还是存在一定差异。这些案例，从多尺度的府际关系视角，让我们看到城市规划管理对国家治理能力与治理体系的具体反映。

5.1　"三规"冲突的背景

21世纪以来，中国城市发展过程中各种城市建设项目的审批面临一个突出问题就是作为审批依据的三项主要规划——国民经济和社会发展规划、城市总体规划和土地利用总体规划之间存在的矛盾。"三规"分别由政府的发改、城乡规划和国土三个平行的职能部门负责编制，受价值取向、部门利益驱使、专业限制和沟通不畅等因素的影响，在一定程度上造成了规划标准"打架"、内容表述不一、数据彼此矛盾、规划管理"分割"等问题（蔡云楠，2009），令规划难以得到有效执行和实施。

由于空间资源具有唯一性，在21世纪强调城乡统筹、土地集约利用等背景和要求下，探索"三规合一"的有效途径已成为各地促进可持续发展的重要任务。因此在"三规"冲突的背景下，许多城市都在规划管理实践中进行了"三规合一"方面的探索，目前最为普遍采用的方式有管理体制改革方式和规划整合方式（黄叶君，2012）。前者主要是通过对国土局和规划局进行机构整合，从而从规划管理体制上实现"两规合一"，实践的城市有上海、天津、武汉、深圳、沈阳等。进行规划整合的城市主要有广州和重庆等，方法是尽量少地改变现有规划的编制方式和程序，由一个部门牵头或者由市政府负责对各个规划之间进行协调，尽量做到各个规划之间的信息连接，避免规划的空白和重复（余军，易峥，2009）。其他许多城市虽然没有进行正式的体制和机制改革，但在项目审批过程中也采取各种办法，将"三规"矛盾进行化解，但随之而来的可能是相应的政治和经济风险，最典型的案例如江苏常州的"铁本事件"。

其实"三规"协调问题作为规划界的热点已经超过10年，也从多角度开展了大量研究（魏广君等，2012）。多数学者将矛盾根源归咎于不同规划在指导思想和目标、编制方法、技术标准和规范、规划期限等方面的不统一或不一致（王勇，2009），并从多个方面提出了解决矛盾的方法，对地方政府在现实中通过各种创新化解"三规"矛盾起到了一定的指导作用。但我们同时发现，不论是地方政府的规划管理体制改革还是规划编制整合，"三规"矛盾并没有得到根本性地解决，甚至在地方创新过程中又产生新的问题。

本章着重强调从央地关系的视角剖析"三规"矛盾产生的原因，认为正是在中央政府与地方政府集权与分权的关系变动中，"三规"成为中央政府与地方政府博弈的重要手段。"三规"矛盾的产生与深化源于日益复杂的央地关系，只有更深刻地认识"三规"矛盾的本质，才能寻求彻底的解决之道。

5.2 "三规"主要矛盾分析

21世纪以来，以保护耕地、限制城市建设用地盲目扩张为目的的土地利用总体规划，与通过扩大城市用地规模保障城市发展空间、促进城市化水平提高和经济增长为目的的城市总体规划之间的矛盾越来越多。与此同时，发改部门负责审批的重大投资项目，因为直接与地方经济发展有关，通常受到地方政府的欢迎，但落地选址的时候，却可能与已有的城市总体规划和土地利用规划中已经确定的用地性质和用地边界产生矛盾，因此导致地方规划管理中普遍面临"三规"矛盾问题。这一现象，与"三规"本身在编制依据和实施管理方式方面的不同有很大关系，即"三规"本身存在固有矛盾。

5.2.1 "三规"概况

"三规"出现时间不同、规划目的不同、规划内容也不同，各有其独特的背景和作用。

国民经济和社会发展规划脱胎于计划经济时代的"五年计划"。我国于1951年开始编制第一个五年计划，2006年起更名为"五年规划"，至今已制定和实施了十二个全国性的计划和规划，其指导思想都反映了当时的主客观情况，体现了国家发展的战略意图。各个城市的国民经济和社会发展规划也都对城市发展起到了指导和促进作用。国民经济和社会发展规划是对国家和各地发展进行指导的综合性规划，也是各级政府调控经济和社会发展的纲领性文件，主要通过确定一系列经济和社会发展目标，促进社会经济发展，保障国计民生。

现代城市规划伴随着18世纪工业革命的发展而产生。其在近代曾通过西方殖民者的移植，被部分介绍到中国；国民政府时期，中国多个城市曾经进行了现代城市规划的试验。中华人民共和国成立之后，我国现代城市规划体系伴随着"一五"计划的实施开始形成。在经历了"大跃进"到"文化大革命"期间的曲折发展，于改革开放后迎来新的发展契机，逐步建立起完整的规划体系，包括从宏观层面的城镇体系规划、城市总体规划到微观层面的控制性详细规划、修建性详细规划，以及一整套规划技术行业标准，并且建立起了较为完整的专业教育体系。其中城市总体规划是"对一定时期内城市性质、发展目标、发展规模、土地利用、空间布局以及各项建设的综合部署和实施措施"（陈双，贺文，2006）。按照 2008 年开始施行的《城乡规划法》的规定，其主要内容包括"城市、镇的发展布局，功能分区，用地布局，综合交通体系，禁止、限制和适宜建设的地域范围，各类专项规划等"。"期限一般为二十年，还应当对城市更长远的发展作出预测性安排。"

土地利用总体规划是在一定区域内，根据国家社会经济可持续发展的要求和当地自然、经济、社会条件，对土地的开发、利用、治理、保护在空间上、时间上所作的总体安排和布局，是国家实行土地用途管制的基础①。土地利用规划在我国出现的时间相对较晚。我国自 20 世纪 80 年代起，尝试开展此项工作，直到 1996 年，全国性的土地利用总体规划编制、修订工作才得以全面展开。随后，1997 年国家出台了《土地利用总体规划编制审批规定》。1998 年国家机构调整，把国土规划管理职能划归新成立的国土资源部，2001 年国土资源部开始主管新一轮的土地利用总体规划工作，编制和实施管理体系逐渐完善。

5.2.2　冲突溯源

鉴于上述的种种不同之处，"三规"出现冲突似乎是必然的。但其冲突也有一个发展演变的过程。

城市规划在 20 世纪 50 年代最早的定位就是"国民经济计划的延续和具体体现"，当时国家的规划管理部门也设在国家计委下面，后来城市规划逐渐发展壮大并独立成体系。但因为"五年计划"长期以来并不十分关注空间资源的利用，而且在国家"十五"计划期间城镇化上升为国家战略之前，城市规划也没有占据突出地位，所以这两个规划长期相安无事。"三规"矛盾在 20 世纪 90 年代后期开始逐步暴露出来，特别是中央提出了关于 18 亿亩耕地保护目标之后。

由于我国人多地少，早在 20 世纪 80 年代中期，国家就开始制定保护耕地的政策，并于 1986 年 6 月 25 日通过了《中华人民共和国土地管理法》（以下简称《土地管理法》）。该法是我国第一部较全面的综合性的关于保护土地的法律，它对保护土地、利用土地的原则、方针作出了详细的规定。该法分别于 1988 年 12 月和 1998 年 8 月进行了修正和修订。在此期间，20 世纪 90 年代后期开始的快速城市化进程导致部分地区盲目扩张城市用地，出现大量耕地被占、土地低效利用等问题，引起了中央政府的重视。为解决这一问题，1998 年国务院颁布《基本农田保护条例》。随后，为保障国家粮食安全确定了 18 亿亩耕地红线目标。进而在国土资源部的主导

---

① 百度百科，http：//baike.baidu.com/view/36252.htm?noadapt=1.

下，耕地保护政策与 2001 年开始的新一轮全国土地利用总体规划结合在一起，并通过耕地增减挂钩、严守基本农田、严格建设用地指标分配等措施，加强对土地使用的控制，确保 18 亿亩耕地红线目标的实现。在此背景下，地方政府主导的城市总体规划与体现中央政府耕地保护目的的土地利用总体规划之间的矛盾开始尖锐起来。

《基本农田保护条例》在颁布的最初几年的执行效果并不理想，各地耕地数量持续减少。这一情况使得中央政府进一步加大了管控力度，使"三规"矛盾不断加剧。从 2003 年以后相关部委出台的一系列法规条例可见一斑。2004 年 8 月 28 日，《土地管理法》于第十届全国人民代表大会常务委员会第十一次会议进行了第三次修正。随后，2006 年，"五年计划"改为"五年规划"，发改部门进而通过主体功能区规划等手段开始干预空间资源的配置与利用；2008 年 1 月 1 日起新的《城乡规划法》开始实施，1989 年的《城市规划法》同时废止，表明城市规划扩大了对空间资源的管辖范围，也同时进一步加大了"三规"之间的权限重叠。

5.2.3 "三规"的固有矛盾解析

从法律规定上看，"三规"是应该相互协调的。城市总体规划和土地利用总体规划编制的法律依据分别是《城乡规划法》和《土地管理法》，其中都明确指出要依据国民经济和社会发展规划，同时"两规"之间要相互衔接。如《城乡规划法》第五条规定："城市总体规划、镇总体规划以及乡规划和村庄规划的编制，应当依据国民经济和社会发展规划，并与土地利用总体规划相衔接。"《土地管理法》第十七条则规定："各级人民政府应当依据国民经济和社会发展规划、国土整治和资源环境保护的要求、土地供给能力以及各项建设对土地的需求，组织编制土地利用总体规划。"但应该如何协调，法律条文里并没有详细说明。在此仅列举几点不协调之处。

一是规划编制时间不同步。国民经济和社会发展规划的期限是 5 年，城市总体规划的期限通常是 20 年，而《土地管理法》里则指出"土地利用总体规划的规划期限由国务院规定"。

二是规划相互协调内容不对等。《城乡规划法》第五条只笼统规定"城市总体规划要与土地利用总体规划相衔接"。《土地管理法》不仅重复此项规定，同时进一步规定"城市总体规划、村庄和集镇规划中建设用地规模不得超过土地利用总体规划确定的城市和村庄、集镇建设用地规模"（见《土地管理法》第二十二条）。可见土地利用总体规划对城市总体规划在用地规模上的限制非常明确。

三是不同层级规划间的上下衔接要求不一致。前已述及，根据各自的法律规定，城市总体规划和土地利用总体规划的编制都要依据国民经济和社会发展规划；同时，城市总体规划和土地利用总体规划都要依据其各自的上位规划。但二者力度不同。按照 2006 年《城市规划编制办法》中的规定："编制城市总体规划，应当以全国城镇体系规划、省域城镇体系规划以及其他上层次法定规划为依据。"《土地管理法》第十八条则规定"下级土地利用总体规划应当依据上一级土地利用总体规划编制"，并进一步明确规定"地方各级人民政府编制的土地利用总体规划中的建设用地总量不得超过上一级土地利用总体规划确定的控制指标，耕地保有量不得低于上一级土地利用总体规划确定的控制指标"。可见土地利用总体规划的垂直管理力度更强。

四是既然城市总体规划和土地利用总体规划的编制都分别要依据各自的上位规划以及国民经济和社会发展规划，那么这里暗含的逻辑是，上下级政府编制的国民经济和社会发展规划也是要互相协调的，至少部分内容要求是一致的，例如对空间资源的分配情况。但事实是，这种协调并没有法律依据，而且各级政府基本上在同一时间段同时编制各自的国民经济和社会发展规划。当然实际的做法是下级政府在发布规划前通常要与上级政府进行沟通并得到同意。2005 年《国务院关于加强国民经济和社会发展规划编制工作的若干意见》中也指出要"强化规划之间的衔接协调""下级政府规划服从上级政府规划"。但鉴于编制时间上的不同步，这一现实实际上给了其他"两规"各自的发挥空间。

由此看来，从中央政府层面制定的政策来看，实际上加大了"三规"之间的矛盾。规划是政府行为的依据，在规划编制不能统一协调的前提下，政府各部门依据规划实施的时候不断出现冲突问题，自然在所难免。

5.2.4 地方经济发展和土地财政使"三规"的固有矛盾进一步凸显

近年来"三规"矛盾的凸显，与"三规"都涉及一个共同要素——土地有关，并引发地方政府各部门之间的利益冲突。

一方面，随着市场经济的发展，城市土地的价值逐渐显现出来。特别是自从中央与地方的分税制改革以来，地方政府越来越多地依靠土地财政，土地收益成为地方经济发展的核心动力，甚至对地方政府政绩考核有着关键影响。另一方面，城市快速发展中对土地的需要，导致地方制定的城市总体规划在用地规模方面被不断突破，但同时也存在土地低效开发、大量耕地被占等问题，由此迫使中央政府主管部门通过颁布相关政策和加强垂直管理等方式进行管控，使得城市土地资源变得更加紧张，地方对土地的争夺也就更加激烈。

在这一背景下，土地利用就成为各个规划的重中之重。各相关政府部门纷纷通过土地利用和项目建设规划，加强自身规划的"龙头"地位。从管理机构的设置来说，在城市政府层面，编制和落实国民经济和社会发展规划、城乡总体规划和土地利用总体规划的主管部门分别是发改委（局）、规划局和国土局。三个部门相互平行，都受市政府直接领导。但由于历史原因，发改部门通常在政府机构中处于优势地位，国民经济和社会发展规划也处于龙头地位（如另外"两规"都要依据国民经济和社会发展规划进行编制）。由于中国行政管理体系所具有的条块分割特点，各部门还分别受到上级主管部门的管理，其中国土部门因实行了垂直管理受上级部门的牵制最强，这种情况使得规划部门处于相对劣势地位。但规划部门又把握着促进地方经济增长、加快城镇化步伐的主要政策工具——城市总体规划，因而被地方政府倚重。总之，主管"三规"的各部门在本级政府和上级主管部门的多重制衡下，地方政府部门间的矛盾也逐渐显现出来，表现为在规划编制与实施管理时，既要满足市政府对于城市发展的需要，又不能违反上级主管部门的各项政策法规。因而进一步导致规划范围相互重叠、内容相互渗透却不一致等问题，加大了规划实施管理的难度，影响地方发展的行政效率。

5.3 从央地关系对"三规"矛盾的解读

中华人民共和国成立以来，由于长期实行计划经济体制，中国的府际关系以纵向关系和条块关系为主导（颜德如，岳强，2012）。但改革开放以后，随着中央和地方关系的一系列改革，地方政府的行为自主性逐渐增强（谢庆奎，2000；张紧跟，2013）。新的央地关系成为解释中国式发展的独特视角。有学者指出，从制度上来说，中国改革开放以来的经济成就，主要得益于政治集权下的地方经济分权制（许成钢，2008）。具体表现是20世纪80年代的一系列简政放权措施，在经济与政治上都为地方政府行为的自主性发展创造了有利条件，并形成了地方官员的晋升锦标赛模式（周黎安，2007）。中央政府对地方政府的有效激励，直接导致了中国经济的持续高速增长，但也造成中央对地方宏观调控能力的减弱。所以，自20世纪90年代中期以来，中央政府又开始采取一系列加强集权的措施，最典型如1994年开始的分税制改革。

分税制的实行是新一轮央地关系变动的起点，同时也对"三规"冲突起到助推作用。在此期间，尽管管控力度不断加大，但中央政府的这些管控措施的执行并不顺利，这是因为地方政府的角色也在不断变化。改革开放以来，中央政府的一系列放权行为，为地方政府带来了双重身份：一方面它是中央政府在一个地区的代理人，要服从中央利益；另一方面，它也有自身利益（周伟林，1997）。随着中央与地方关系的复杂化，转型中的中国地方政府已经逐渐从"代理型政权经营者"转变为"谋利型政权经营者"（杨善华，苏红，2002）。地方政府在不全面的政绩评价标准的激励下，本身固有的有限理性和追求垄断租金最大化的冲动得到释放（李军杰，钟君，2004），在组织和管理地方经济的过程中发挥出空前的积极性和主动性。这就是为什么在中央政府颁布了一系列法规后，在2003年依然发生了常州"铁本事件"。这是一个典型的地方各级政府及其有关部门通过共谋来对抗中央政府在重大项目审批、建设用地指标控制、城市总体规划修改等直接涉及"三规"的一系列规定的事件，当然中央政府也迅速果断地严肃处理了该事件（该事件具体内容可以参考百度百科"铁本事件"词条），成为新一轮央地关系调整的重大转折点。但是基于地方政府角色的转换，再严格的管控政策，也阻止不了地方政府发展经济的动力。

地方政府同其他组织一样，各种行为举措受到所处环境的制约和塑造（周雪光，2008），这就可以解释近年来在中央政府不断加大管控力度的背景下，地方政府对待"三规合一"的态度以及所采取的应对措施了。举例来说，重大项目选址与既有的城市总体规划之间产生矛盾时，为保证项目合法落地，就要修改规划内容。但因为城市总体规划是法定规划，根据新的《城乡规划法》以及相关规定，调整规划内容的程序非常复杂漫长；而如果违背了得到上级政府主管部门和人大批复的总体规划，即可认定为违法行为，这对于地方政府来说，显然是具有巨大政治风险的一件事（参考"铁本事件"的结果）。土地利用总体规划也是同样的道理。所以，地方政府对"三规"矛盾多有抱怨，强烈呼吁"三规合一"，并在管理实践中进行了多途径地探索。同时，近年不少城市开始寻求"多规"协调的规划管理改革与创新，规避"三规"的固有矛盾。地方在"三规合一"方面所尝试的各种制度创新，实际上是中央集权下的一种妥协方式。

从央地关系的角度解读"三规"矛盾，可以发现，对于地方政府来说，之所以关心"三规合一"，是因为"三规"矛盾和解决矛盾的关键都在土地利用上，在当前的官员晋升激励机制下和普遍的土地财政的前提下，地方政府通过解决"三规"矛盾来获取发展空间的愿望是非常强烈的。这也是为什么尽管中央政府各部门不断加大对地方的管控，但事实是地方政府并没有因此受控于"三规"，而是通过各种策略，对"三规"矛盾予以不同程度的解决或回避。也就是说，在中央不断加强控制权的背景下，"三规"矛盾显然已经不是"三规"本身及其主管部门之间的矛盾，而是中央集权与地方分权之间矛盾的一种具体体现，反映的是地方以经济发展为中心的工作目标导致城市土地开发规模不断加大而与中央政府强调耕地保护政策、加强对地方的管控之间的矛盾。

5.4　从央地关系谈"三规"改革的政策建议

"三规"的固有矛盾如规划编制依据、地方政府对土地财政的依赖，加上政府各部门通过各自主管的规划加强自身的权益——部门利益，共同导致现实中的"三规"冲突，给地方政府的规划实施带来诸多障碍，也不利于国家治理目标的实现。从央地关系的角度来看，"三规"的根源其实反映的是中央集权与地方分权过程中的复杂关系。同样地，从央地关系视角解读"三规"矛盾，可以发现仅仅从技术层面或部门协调层面进行"三规合一"的创新，是不能从根本上解决问题的。结合之前对"三规"矛盾根源的分析，我们应当思考"三规"矛盾对当前中央管控政策制定者的启示，因为"三规"矛盾的根源在于中央政府的执政理念及相应的各项政策措施。从根本上考虑，中央政府对于类似政策的制定和评估应更加全面，以提高政府决策的科学性。为避免当代中国的中央与地方关系正面临的"集权与分权的双重悖论"（魏治勋，2011），或者"在高度集权与高度分割之间无规则地不可预测地变动"（李芝兰，2004），本章试从央地关系角度，提出改革的政策建议。

首先，在统一的国家战略规划体系框架下明确中央与地方政府的权利与责任。

央地关系一直以来都是中国政治体制改革中的难题。为避免"一抓就死，一放就乱"，实现既维护国家利益，又不打击地方政府的积极性，"三规"矛盾的解决需要在统一的国家战略规划体系框架下，划分中央与地方政府的权力与义务。有学者建议重新制定规划编制体系是有道理的，但更重要的是在规划管理的体系中，确立中央与地方政府的权力与责任，通过纵向权力的分置，实现对空间规划完整性的尊重和中央、地方发展的整体利益最大化。这应是解决问题的根本。

其次，是由强制性制度设计改为诱导性制度设计。

21世纪以来，中央政府的行政体制改革思路明显表现出通过加强垂直管理，将"人、财、物"控制权上收回中央，以保证中央政令的畅通。但这种选择性集权并没有得到地方政府的全力配合，中央政府的相关政策意图在地方上也无法完全实现（张紧跟，2013）。"三规"冲突即表现之一。

组织理论中的新制度主义学派发现，组织面对的是技术和制度两种不同的环境，其中制度环境是导致不同的组织间有明显的趋同化现象的根本原因，因为制度环境引发组织行为的合法性机制，即组织有强烈的欲望要显示自己的合法性，使其行为表现出与同领域的各组织有相同的结构和活动方式（达夫特，2008）。根据这一规律性特点，中央政策的制定思路可以进行调整，在划定了中央和地方政府的权力与责任界线之后，进一步制定相关政策，如通过提高财政支持"利诱"地方政府切实履行保护耕地、有序发展的政策目标。

还可以通过综合性的政策统筹管理方法，如在中央政府层面实现法规上的"三规合一"，打破制度障碍，减轻地方的行政管理成本。通过前面的分析可以看出，当前中央通过"三规"来加强管控的方式和力度由于政出多门，显然并不一致，政策本身就存在诸多矛盾的地方，令地方政府在执行的时候无所适从。

总的说来，央地关系根植于一个国家的政治、经济体制和社会生活之中，是特定时期政治变迁、经济发展和社会变革的历史写照，科学合理的中央集权与地方分权，应是不断与外部环境和各种社会因素保持良性互动的产物（封丽霞，2011）。中央对地方的经济分权和政治集权，助力了中国取得长期快速经济增长的成就。在新时代的战略选择下，"三规"政策应适时作出调整。"三规"出现背景与发展历程复杂，涉及多个主管部门，简单的合与不合，都有问题，需要统筹思考解决方案。在央地关系调整的大格局下，部门利益应服从国家利益。理顺央地关系，还需从理顺中央政府各部门之间的职能关系入手。

5.5 小结

中央对地方的经济分权和政治集权，助力中国取得长期快速经济增长的成就，但也形成大多数地方政府长期以经济增长为中心的政绩观。21世纪以来，以保护耕地、限制城市建设用地盲目扩张为目的的土地利用总体规划，与通过扩大城市用地规模保障城市发展空间、促进城市化水平提高和经济增长为目的的城市总体规划之间的矛盾越来越多。根本原因在于，当前中央通过"三规"来加强管控的方式由于政出多门，令地方政府在执行的时候无所适从，不利于政策目标的实现。党的十八大之后，中央把规划体制改革、建立"多规合一"的体制机制纳入改革的重要任务，习近平总书记也直接作出了指示。从央地关系的角度分析，目前这种"三规"通过不同部门，分别从中央一统到底、不断加强垂直管理的管控方式，不仅增加了行政成本，加剧央地矛盾和部门矛盾，还可能打压了地方的发展积极性，不利于社会的全面进步。要解决"三规"矛盾，实现"三规合一"的理想，仅从地方政府面临的现实问题入手是不够的，必须从构建科学合理的央地关系角度进行思考。在新的国家发展战略选择下，"三规"政策应适时作出调整。从央地关系的角度，其改革思路应该建立在央地政府在不同规划领域正确分权的基础上，并以此推动央地关系的进一步改善，使新的空间规划体系成为新型城镇化进程中实现经济社会全面发展的有效治理工具。

6 规划管理中的市级组织间关系：以地方政府的 "三规合一" 创新为例 ①

上一章里谈到，由于中国特有的条块分割式行政管理体系和央地关系的复杂化，造成"三规"在编制实施过程中的冲突。"三规"矛盾表面上看是不同规划类型在编制内容上的矛盾，进而通过地方规划管理的实施过程演化为"三规"主管部门之间的矛盾。但"三规"矛盾实质上是地方经济发展与中央政府管控之间的矛盾，更进一步而言，是地方政府经济发展的动力与中央政府对地方加强管控意愿之间的矛盾。所以，地方政府对"三规"矛盾多有抱怨，强烈呼吁"三规合一"。同时针对实际工作中的"三规"冲突，地方政府也作出了努力，为保证规划编制和实施的畅通，结合自身管理工作的具体情况，采取了不同的应对策略，进行了多途径的探索。接下来，本章将通过有代表性的三个案例城市——上海、广州和哈尔滨的调查和实地访谈，从组织结构创新的角度，揭示当前地方政府三种不同的协调方法——组织机构合并、正式的协调机制以及非正式的协调机制，并从制度经济学交易成本的角度对这些方法及其效果进行解释。研究发现，地方政府在中央政府不断加大的控制之下，自行推进的"三规合一"改革是谋求提高发展效率的一种手段，它们采取的方式与其所处的经济发展阶段、地理环境特征有很大关系。但不论以何种方式，地方政府都付出了巨大的协调成本和激励成本。这几个城市的做法可以为中央政府的制度设计提供参考。

6.1 地方"三规合一"的基本情况介绍

在市场经济体制下，中国城市发展过程面临的一个突出矛盾就是发改部门的国民经济与社会发展规划、国土部门的土地利用规划和地方政府的城市规划之间的矛盾。中央政府通过国民经济与社会发展规划和土地利用总体规划对地方的盲目发展进行控制，地方政府则努力通过城市规划寻求地方经济发展和城市发展的空间。它们之间的矛盾日益突出，严重影响到地方规划的制定、管理和实施。在这一背景下，"三规合一"的呼声越来越高，地方政府也身体力行地进行了实践探索。所谓"三规合一"是指以资源环境为基础，运用"统筹兼顾"的方法，在区域乃至城乡的空间格局上统筹

① 本章主要内容已发表在《规划师》杂志2014年第9期。

安排制度、空间布局以及生产组织，协调城乡规划、土地利用规划以及国民经济与社会发展规划，建立各个规划之间的相互衔接的机制，促进各类规划在空间上的统一（王俊，何正国，2011）。很多地方政府都针对"三规"冲突，开展了"多规"协调工作。以 2013 年针对地级市规划管理部门的问卷调查为例，在 93 份有效问卷中，开展"多规"协调工作的占比 85.9%，没有开展"多规"协调工作的占比 14.1%。在开展"多规"协调的形式方面，共计有 84 份有效问卷。各市开展"多规"协调的形式以"三规"协调为主，其次为"四规"协调。其中"两规"（城市总体规划、土地利用总体规划）协调占 21.4%；"三规"（国民经济与社会发展规划、城市总体规划、土地利用总体规划）协调占 40.5%；"四规"（国民经济与社会发展规划、城市总体规划、土地利用总体规划、环境保护规划）协调占 22.6%；其他形式的"多规"协调占 15.5%（表 6-1）。

各市开展多规协调形式　　　　　　　　　　　　　　表6-1

协调形式	数量	百分比（%）
"两规"协调	18	21.4
"三规"协调	34	40.5
"四规"协调	19	22.6
其他形式的"多规"协调	13	15.5
合计	84	100.0

本章通过对上海、广州和哈尔滨三个城市规划管理部门的访谈，分别审视了它们在原有"三规"制度条件下所采取的应对策略。分析发现，地处经济发达地区的上海和广州在近年土地指标的刚性约束下，普遍感到原有发展模式带来的压力。其中上海进行机构合并，进而开展土地利用规划和城市总体规划的"两规合一"，以新编制的土地利用总体规划引领城市发展的方式，巧妙回避了城市总体规划中城市建设用地指标超标的问题。广州则动员全市力量，由市长亲自挂帅，大力推进"三规合一"来发掘存量土地中的潜力，并从中切实获得了实惠。而哈尔滨市目前还没有明确开展"两规"或"三规"合一工作。

6.2　地方应对"三规"冲突的不同策略

上海和广州两个城市都位于中国经济发达的东部沿海地区，分别是长三角地区和珠三角地区的核心城市。两个城市的人均 GDP 在全国名列前茅，在城市发展中面临的人地矛盾有相似之处，但上海显然更甚。哈尔滨市位于东北地区，管辖地域辽阔。黑龙江省是农业大省，作为其省会，哈尔滨虽然在地区经济发展排名中名列前茅，但从全国层面来看，还属于中国经济的欠发达地区（表6-2）。

上海、广州、哈尔滨三市社会经济发展基本指标对比　　　　　表6-2

	市域面积（平方公里）	总人口（万人）	城市人口（万人）	人均GDP（元）	现状建成区面积（平方公里）	规划建成区面积（2020年）（平方公里）
上海	6340.5	2347.5	1267.76	82560	1563	2951
广州	7434.4	1270.1	732.28	97588	990	1772
哈尔滨	53068	1036.5	339.71	42736	367	458（2013年城市总体规划修编，将规划建成区面积提高到610）

（资料来源：总人口为第六次人口普查数据，规划建成区面积来自各市的城市总体规划。其他数据分别来自：2012年中国城市统计年鉴、2012年广州统计年鉴、2012年上海统计年鉴、2012年哈尔滨统计年鉴。）

（1）上海：组织机构合并实现"两规合一"

上海市于2008年进行大部制改革，原城市规划局与国土局合二为一。在此之前，编制于20世纪90年代后期的《上海市城市总体规划（1999—2020）》中确定的诸多目标特别是城市用地指标已经被提前突破，不能发挥指导城市发展建设的作用，而修编城市总体规划的程序复杂且审批时间漫长。因此，在机构合并之后，该市借土地利用总体规划修编之际，开展了城市总体规划和土地利用总体规划"两规合一"的改革创新，并取得明显效果。现在已经基本实现"一张图"的改革目标，并在此基础上，建立了相应的信息管理平台。可以说上海市的"两规"从编制到实施，都实现了统一。

（2）广州：建立正式的协调机制实现"三规合一"

广州市在2009年就开始研究"三规合一"问题，曾经于2010年在城市总体规划修编时进行过尝试，近年在学习了上海的实践做法之后，于2012年正式推行"三规合一"的机制改革措施。主要做法是成立"三规合一"工作领导小组统一指挥和统筹"三规合一"的工作。由市长担任领导小组组长，常务副市长担任领导小组常务副组长，办公室设在市规划局，全市11个局委的领导和全市12个区、县级市的区长、市长为领导小组成员。领导小组负责指导全市"三规合一"工作的开展，协调解决"三规合一"的重大问题并及时作出相关重大决策。同时工作小组和下设的办公室负责全市"三规合一"工作计划及任务分配，组织制定相关的政策措施和技术规范，并对各个部门、各区的工作执行情况进行指导和监督。下属十区两（县）市参照市的组织结构，在各区、市全面展开"三规合一"的各项工作。由于有市领导亲自挂帅，工作推进力度很大，编制完成总体规划层面的"三规合一"成果——"一张图"，并深入到控规层面进行实施管理。另外，地方领导一再强调，在"三规"协调的努力上，广州的目标只是做一个平台、一个流程，并不打算将部门合并，这是主要特点，也是其与上海的不同之处。

（3）哈尔滨：非正式协调机制化解"两规"矛盾

哈尔滨市由于处于经济欠发达地区，虽然也有土地指标对城市规模扩张的限制，但城市发展面临的建设用地指标缺乏问题远没有上海和广州严峻，因此目前没有明确开展"两规"或"三规"合一工作。现实中碰到的问题主要来自在"土规"和"城规"两方。与其他很多地方政府在遇到"两规"矛盾时寻求解决办法的不同之处是，哈尔滨没有完全依赖上级主管市长进行协调，而是采取局长联席会的形式。这一联席会是规划局长和国土局长私下达成的共识，属于非正式协调机制。

6.3 对三市不同策略的交易成本分析

地方政府为应对"三规"矛盾所提出的管理体制和机制方面的创新，从经济学的角度解释，都是为了提高效率，但同时也付出了相应的交易成本。

6.3.1 提高效率是地方政府进行"三规"管理改革的主要动力机制

我们首先从地方政府经济发展的动力上作出解释。经济学的基本解释逻辑可以概括为效率机制，即决定消费者行为和组织行为的一个基本因果机制是效率机制。所谓效率机制，按照经济学家的基本假设，就是无论消费者还是组织，他们的行为都为追逐私利的动力所驱使，而达到这一目的的最佳途径就是提高效率（周雪光，2003）。

在地方政府以经济发展为工作中心、以土地财政为地方收入的主要来源的前提下，中央政府通过"三规"加强管控，导致各地通过扩张城市建设用地规模招商引资进而获得财政收入的发展路径明显受挫。加上"三规"之间本身存在的矛盾，地方政府已经明显感到其对地方发展效率的不利影响。因此，在不违背中央政府的各项政策法规前提下，地方政府努力尝试通过地方上的"三规合一"，在中央的管控下寻找自身的发展空间，破除经济发展上的障碍。可以说效率机制是促使地方政府进行"三规合一"改革创新的基本动力机制。但由于各地社会经济发展阶段不同，面临发展困境的程度也不同。土地资源的限制在发达地区表现得尤其突出，使得这些地区的城市政府有更大的决心和动力从管理体制和机制上进行创新，通过推进"三规合一"目标的实现，提高管理效率，促进经济发展。上海和广州的做法就是如此。

相对而言，哈尔滨市地域面积广大而经济发展水平一般，现实中虽也同样面临城规和土规不协调的问题，并也曾进行"两规合一"的尝试，但因为坐标系统和应用软件不同即作罢。可见，在没有强大的动力机制产生之前，仅是技术层面的协调成本已经足以成为主要障碍。同时，哈尔滨因为人地矛盾还没有上海和广州那么显著，暂时通过非正式协调机制即可解决。

6.3.2 不同的应对策略产生不同的交易成本

虽然都是出于提高效率的角度，但三个城市采取的改革措施并不相同，由此产生不同的交易成本。交易成本是制度经济学的核心概念，可分为两大类：协调成本和激励成本。

机构合并这种直接触动利益集团的做法自不必说，非有地方政府的强势推动不可能实现。上海的机构合并，让原本两个不同部门合并到一起，人员素质、工作性质、工作流程等都存在较大差别，短期内的协调成本必然很高，并以牺牲部门利益为代价。当然，有智慧的地方政府也巧妙地利用部门合并的契机，彻底实现土地总体规划和城市总体规划的合二为一，为城市发展的长远效率提供了基础。

在没有进行机构合并的广州市，通过访谈得知，在"三规合一"协调机制建立以后，为了保障该机制的有效运转，上至市委书记、下至区县规划局工作人员，都付出大量的时间和精力。举例来说，C市自此项工作开展以来的短短几个月时间里，一共开会23次；A区因为情况更加复杂，同期召开协调会已经超过50次。虽然短期来看协调成本很高，但若能将协调机制固化、制度化，则可能为今后的"三规"协调降低交易成本。

哈尔滨市因为对建设用地的需求还没有成为地方发展的主要约束条件，"两规"矛盾还没有大到要付出巨大协调成本、触动部门利益的程度，因此使得非正式的协调机制可以发挥作用。短期来看，这种简单、非正式的部门间的协调机制因为涉及利益主体少，交易成本较低。长远来看，这种非正式的协调机制主要依赖个人作用，不确定性较大，可能为未来的协调工作带来更高的交易成本。

6.3.3 激励成本是协调机制成功与否的关键

仅有协调成本并不能保证"三规合一"机制创新的成功，在组织机构不改变的前提下，还必须考虑激励成本，使个人利益和组织目标一致，才能有效地推动"三规合一"的进程。

在一些地方的实践中，也试图在相关部门之间建立协调机制以促进"三规"矛盾的解决，但很快因为部分部门的不配合而作罢。这种由多个部门共同管理一个事项的做法，如果缺乏明确的责任机制，会导致部门合作出现偏差（麻宝斌，仇赟，2009）。而且，错综复杂的权力交叉格局之下，权威资源被分散，导致机构多从自身利益出发，对有关部门采取不配合的态度，在一定程度上破坏了政府决策的执行力和效力（乔小明，2010）。

广州之所以能够建立起协调机制，动员这么多的政府部门和各个区县市共同参与"三规合一"行动，很重要的原因是考虑了激励成本。对于广州来说，激励成本就是盘活各区县的存量土地，以此动员区级政府落实"三规合一"的目标要求，并取得实效。但在运动式的工作完成之后，也就是存量土地都用完之后，这种工作方式的可持续性如何，值得深思。

总之，从长远来看，机构合并是提高行政效率的最佳途径，但短期内付出的协调成本巨大。在机构不合并的前提下，地方政府要动员各相关部门参与到"三规合一"的实质性工作中，一方面需要付出协调成本，另一方面还要考虑激励成本。而且，一旦激励成本后继乏力，很可能导致半途而废。

6.4 地方政府"三规合一"实践的启示

通过上述三个案例的比较分析，我们看到，提高城市发展的效率是当前地方政府进行体制改革、建立"多规"协调机制的重要推动力，但也付出了相应的交易成本。结合之前对"三规"矛盾根源的分析，对当前中央管控政策的制定者应有所启示。

首先，从目前的体制设计上似乎无法实现"三规合一"。但地方政府在强大的经济发展动力驱使下，采取种种制度创新举措，在不同程度上寻求实现"三规"协调的策略，突破了中央政策的严格控制，实现了自己的发展目标。中央与地方博弈的结果就是城市用地依然不断扩张，其中有合法的，也有不合法的，令人不禁怀疑中央管控政策的有效性。

但中央的这些管控政策是否完全无效呢？事实并非如此。我们以耕地保护政策的效果为例作一个说明。从图6-1中我们可以看出，尽管全国的耕地总量不断下降，但2003年之后，下降幅度明显放缓。也就是说，尽管已经很趋近2020年18亿亩的保有量目标，但如果没有这一严格的耕地保护政策及相应的配套政策的话，可能早已突破这一目标了。因此可以看出，严厉的管控措施还是取得了一定的成效，有利于远期政策目标的实现[1]。

---

[1] 自2009年以来，中国耕地保有量均保持在20亿亩以上。其中，2009年为20.31亿亩，2010年与2011年持平，均为20.29亿亩，2012年下降至20.27亿亩。2014年国土资源部公布《2013中国国土资源公报》，再次更新中国的耕地保有量数据。在此之前，国土资源公报已经连续四年缺失耕地总数。资料来源：财新网.［2014-4-22］.http：//china.caixin.com/2014-04-22/100668892.html.

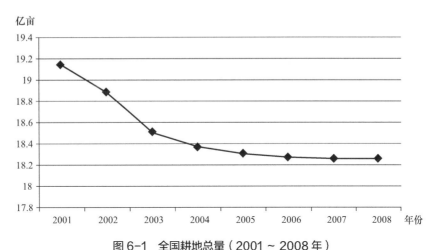

图 6-1　全国耕地总量（2001～2008年）

（资料来源：2011年中华人民共和国国土资源部网站）

注：2009年第二次全国土地普查之后一直没有更新该数据，后来据2014年的新闻媒体报道，我国实有
　　耕地面积已超过20亿亩。

从地方为规避管控所采取的各种方式及付出的成本来看，我们依然要对当前中央的管控政策进行思考。应该认识到，中央的管控政策有待改进与提升，通过在中央政府层面实现"三规合一"，打破制度障碍，减轻地方的行政管理成本。

最后，中央对地方的经济分权和政治集权，促使中国取得长期快速经济增长的成就，但也形成大多数地方政府长期以经济发展为中心的政绩观。地方政府从规划管理方面对"三规合一"的努力，本质上就是这一思路的具体表现。可以预见，在经济考核目标不改变的前提下，中央对土地的管控政策或者其他约束政策，都会使地方寻找突破口。当然，也可以预见地方政府为此付出的成本。而这些成本实际上最终会转嫁到整个社会，不利于社会经济的全面进步。

6.5　小结

上海、广州和哈尔滨三市的实践，从组织结构的创新角度，典型代表了当前中国地方政府应对"三规"矛盾的不同方式：彻底的部门合并方式、正式的部门协调机制，以及非正式的部门协调机制。它们的共同点是在现有的体制框架下，建立新型的组织间关系。这种关系的极致，就是将组织之间的关系转化为组织内部的科层制关系，如上海市。

进一步的分析可以发现，当前"三规"的矛盾，本质上体现的是央地关系之间的矛盾。不同地方政府在规划管理实践中所采取的应对"三规"冲突的方式则说明，在以经济发展为中心的时期，地方政府从管理机制、组织机构、规划编制等不同方面进行管理创新，促进"三规合一"目标的实现，根本目的是提高规划管理效率，促进经济发展，同时规避上级政府的管束和违法违纪的风险，但同时也在不同程度上承担相应的交易成本。这一现实给我们的启示是，中央政府宜重新思考之前的管控政策目标和政策手段，从构建新型央地关系的基础上，在促进社会经济可持续发展的综合视角下，确立新的政策目标。2018 年的机构调整，证明上海的做法有先见之明。在国务院部委职能调整之后，各地市也展开了新一轮的机构调整工作。但真正的改革还远没有完成。

7 规划管理中的区县级组织间关系：以广州市 A 区和 C 市"三规合一"的政策网络为例[①]

近年来许多城市在规划管理实践中进行了"三规合一"方面的探索，不论是机构合并还是规划编制和管理机制创新方面，都取得了不同的成效。但这些改革创新主要集中在地级市及以上的政府层面。2014 年初（1 月 24 日），住建部颁发了《关于开展县（市）城乡总体规划暨"三规合一"试点工作的通知》（建规〔2014〕18 号），开始对县（市）"三规合一"工作予以推动。但县市"三规合一"的广泛开展还需要理论指导与实践总结。

广州市在 2009 年就开始研究"三规合一"问题，曾经于 2010 年在城市总体规划修编时进行过尝试，采取的是规划整合的方式。近年在总结省内其他地市管理方法创新及学习上海的实践做法之后，于 2012 年正式推行"三规合一"的机制改革措施，由市长亲自挂帅，涉及全市 11 个部门，是一个典型的以府际关系为基础的政策网络。该项工作同时在广州十区两（县）市展开，为深入研究县（市）级"三规合一"工作提供了极佳案例。本章运用政策网络分析方法，以广州市的 A 区和 C 市为例，对在县市层面推行的"三规合一"工作进行分析。

政策网络是由多元行动主体长期互动所形成的复杂关系联结而成，对政策的形成和结果会产生重要影响。广州市近年推行的"三规合一"工作是典型的涉及多个行动主体的政策网络。基于此认识，本章通过对其下辖的 A 区和 C 市两个区（县）市的访谈，从网络结构和网络运行机制如何影响政策效果的角度，对县（市）级"三规合一"所形成的政策网络进行了分析。研究发现，虽然基于相同的制度设计，但由于 A 区和 C 市经济发展状况、规划管理体制以及领导者权力等方面的差异，在实际运行中，出现了政策网络结构中的利益主体的主动性存在差异、核心利益主体权责不匹配，以及利益主体数量不同导致网络结构复杂等现象，进而使得两个区（县）市网络运行中的协调和妥协机制发生变化，以至于产生了不同的工作效果。本章运用政策网络的理论和方法，对县市级"三规合一"改革所进行的实证研究，希望为今后地方政府构建更加有效的"三规合一"体制和机制提供启示。

---

① 本章部分成果已发表在《中国城乡规划实施研究——第二届全国规划实施学术研讨会成果》（2015年），原文由李东泉、沈洁莹共同完成。

7.1 广州市"三规合一"政策网络的构成与运行机制介绍

广州市于 2012 年开始正式推行"三规合一"的机制改革措施，在地方政府所从事的各种"多规合一"的管理创新中，建立了一种正式的协调机制（李东泉，2014）。其主要做法是，在不改变原有政府组织结构的基础上，成立"三规合一"工作领导小组统一指挥和统筹"三规合一"工作。由市长担任领导小组组长，常务副市长担任领导小组常务副组长，办公室设在规划局，全市 11 个部门和全市 12 个区、县级市的区长、市长为领导小组成员。市级成员单位包括市发改委、市国土局、市建委、市规划局、市财政局、市交通委、市环保局等 11 个局委。领导小组负责指导全市"三规合一"工作的开展，协调解决"三规合一"的重大问题并及时作出相关的重大决策。同时工作小组和下设的办公室负责全市"三规合一"工作计划及任务分配，组织制定相关的政策措施和技术规范，并对各个部门、各区的工作执行情况进行指导和监督。工作领导小组将全市所有有关部门的领导者都纳入其中，由市长统一指挥协调，形成一个从市长、常务副市长到相关市级部门以及区（县）市所构成的庞大政策网络。这一政策网络是在制定和执行"三规合一"这一政策目标的过程中形成的政府部门之间的相互关系，成员数目稳定，相互之间呈现有限度的垂直关系和广泛的横向整合关系，根据其所呈现的特征判断，是非常典型的"府际网络"。其中，市长也即工作小组的组长是该政策网络的直接利益相关者，是统领整个政策网络进程的最关键的行动者，处于该政策网络的核心地位；常务副市长以及三大规划部门为次级利益相关者，在市级的政策网络中分别掌握一部分资源和权力，负责具体执行政策，他们的行为受到直接利益相关者的影响；其余市直机关在该政策网络中属于外围利益相关者，在该政策网络中处于辅助地位。网络结构如图 7-1 所示。

由于市长亲自挂帅，工作推进力度很大，不到一年的时间里，广州市已经在全市各区县开展了摸底、汇总、上报等工作，当时（2013 年）预计在一年左右的时间内，编制完成总体规划层面的"三规合一"成果——"一张图"，并计划深入到控制性详细规划层面进行实施管理。

根据"三规合一"的工作机制设计，广州市下辖的十区两（县）市参照广州市的组织架构，成立了以区（县）市主要领导为组长、区（县）市相关部门为成员单位的工作领导小组和工作领导小组办公室，在各区（县）市具体开展"三规合一"的各项工作。为比较研究各区（县）市"三规合一"的工作成效，本章选取了 A 区和 C 市作为调研和访谈对象。

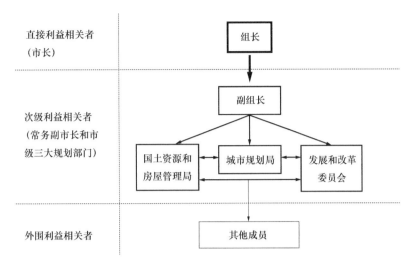

图 7-1 广州市"三规合一"的政策网络结构示意图

（资料来源：沈洁莹绘制）

广州市 A 区位于穗、港、澳的地理中心位置，全区总面积 529.94 平方公里，户籍人口 80.6 万人，登记在册外来人口 113 万人。A 区具有较好的经济发展状况，按常住人口计算，2012 年人均地区生产总值 77591.93 元，折合 12344.59 美元。C 市是广州下辖的县级市，位于广州市东北面，面积 1974.5 平方公里，2009 年全市总人口为 56.58 万人，其中农业人口 42.18 万人，非农业人口 14.4 万人。C 市的经济发展相对落后，按常住人口计算，C 市 2012 年人均地区生产总值 43195.15 元，折合 6872.19 美元。由于 C 市森林覆盖率高达 68.6%，是广州北部的生态屏障，所以该市市委、市政府决定将林业规划也纳入本次工作中，即"四规合一"。

通过访谈得知，A 区和 C 市作为广州市下属的两个区市，都依照广州市"三规合一"工作领导小组的组织模式，成立了区（县）市级的"三规合一"工作领导小组来领导和协调本区（县）市的"三规合一"工作，因此都形成了区（县）市级的政策网络。但由于 A 区和 C 市经济发展状况、规划管理体制以及领导者权力并不相同，导致这两个区（县）市所形成的府际网络有较大差异，进而产生了不同的工作效果。A 区规划分局的工作人员认为该项工作在 A 区成效显著，自 2012 年区"三规"领导小组办公室成立以来，截至 2013 年 6 月，工作小组共组织专项工作协调会议 50 多次，重点解决了建设用地规模调出地块遴选、重点建设项目排序和调入建设用地项目排序等问题，基本实现了政策目标。C 市规划局工作人员则表示工作压力巨大，虽然自该项工作开展以来，也已经召开了 23 次联席会议，就相关问题进行协调商讨，但由于工作小组组长为代市长，且 C 市规划局没有实现与广州市规划局的垂直管理，使得他们的工作开展起来困难重重。

为什么在制度设计基本一致的前提下，会有不同的结果呢？接下来从政策网络结构和运行机制两个方面进行分析。

7.2 政策网络概述

7.2.1 基本概念

"政策网络"（policy network）是公共管理领域的一个新兴概念，是将社会网络理论引入公共政策领域，分析政策过程中政策主体相互关系的一种解释途径和研究方法，意指在公共政策过程中，作为政策参与者的多个组织、部门或个人之间形成的一种网络状结构，其起因是人们发现日趋复杂的社会问题和公共问题采取市场化或者科层制的社会协调机制都不足以应对（李东泉，李靖，2014）。研究政策网络的英国学者罗兹（Rhodes），构建了系统性的政策网络框架，根据网络中成员的数量、成员间的关系强弱程度和联系向度等指标，提出了政策网络的五种类型：政策共同体（policy community）、职业网络（professional network）、府际网络（intergovernmental network）、生产者网络（producer network）和议题网络（issue network）。本章所涉及的"三规合一"过程中所形成的政策网络关系，因其描述的是政府及政府部门间的多方向、多维度的关系网络，属于罗兹所定义的政策网络中的府际网络，指的是在某一政策制定过程中依靠有关联的政府部门间关系而形成的政策网络，成员的数目相对稳定且数量有限，同时存在有限的垂直依赖关系和广泛的水平整合，主要表达地方政府利益（石凯，胡伟，2006）。

政策网络的主要特征如下：首先是互为依赖关系，这是指组织中的行动者通过长期的资源共享交换而发展出的联系与依存的关系；其次是这些成员之间的联系具有一定的连续性，即不管网络组织行动者的相互联系是有序且高频率的，还是无序且低频率的，行动者之间的关系状态在一定时期内是长期存在的；最后是网络中行动者与目标的多元化，即全部的参加者都有自己的目标与需求，尽管网络中的权力资源并非平均分配给每个单一的网络成员，但是其中的任何一个成员都没有拥有绝对的权威，必须通过资源互通有无，相互的合作才能够实现自身利益或者目标（于常有，2008）。由以上特征可见，政策网络强调了行动者作为政策分析的起点（李瑞昌，2004），而其利益导向的本质又决定了政策网络的参与者进入网络的目的是为了获得某种物质利益或者实现某些目标（郫益奋，2007）。也就是说，在"三规合一"工作中所形成的政策网络关系，是相关行动者之间通过信息资源的互赖而建立起的某种具有相对持续性和稳定性的联系，同时行动者之间需共同合作才能达成政策目标。

政策网络能够影响政策结果主要通过两个因素：一个是网络结构，另一个是运行机制（杨代福，2007；王春福，2006）。

7.2.2 政策网络结构

网络结构是政策网络理论的研究假设，也是这一理论的基本分析单位，其主要观点是政策网络作为自变量，不同类型的网络结构会产生不同的政策结果（因变量）。这里的结构并不仅仅指网络的组成结构，更重要的是网络各主体之间所形成的实际或潜在的关系模式（胡伟，石凯，2006），即不同的关系模式决定了不同的政策结果。

在这一网络结构中，网络行动者在政策网络中所处的地位以及相互关系，对政策过程乃至政策结果的影响起了关键性的作用。他们的地位与相互关系同时受到原有组织结构的影响。有学者根据网络中各个主体所具备的资源权力大小、对政策推行的积极性、合法性等影响因素，将各个行为主体划分为直接利益相关者、次级利益相关者和外围利益相关者，并分别对应政策网络中的核心位置、重要位置和边缘位置（Mitchell，Agle，Wood，1997）。显而易见，处于核心地位的直接利益相关者由于资源和权力优势，相比于其他行为者，对于政策推行和政策过程的影响就更为显著。

"三规合一"的政策网络结构有别于政府组织本身所固有的组织体系，是建立在信息共享和学习基础上的网络关系模式。虽然我们强调政府固有的组织体系和政策网络之间的差异，但是由于许多政策网络形成于政府以及政府部门之间，例如"三规合一"的政策网络，因此二者之间会存在一定的关系。也就是说，政府的组织体系会影响到政策网络中不同行动者掌握的权力和资源的差异，最终会影响行动者对政策推进和政策过程的作用，从而导致政策网络在影响政策结果上的不同效果；反之，由于政策网络的形成，网络行动者之间因为互动交流关系而形成行动者之间更为开放的交流空间，从而打破较为封闭的政府组织体系，能够推进更为合理的政策过程和实现有效的政策结果，而这主要靠的是运行机制的作用。

7.2.3 政策网络的运行机制

政策网络得以顺利运行主要靠两大机制，一是学习机制，二是协调与妥协机制。

政策网络的学习机制主要包括价值学习、规范学习和行为学习（蔡新燕，赵晖，2009）。行为学习是以发现各个行为主体的利益诉求为目的，在学习的过程中逐步地了解乃至认同其他行为主体的不同利益要求，并对自身的利益需求进行适当的调整，逐渐使政策网络中各个利益主体的要求取向一致，最终达成利益共识；价值学习是对政策目标的学习，在行为学习的基础之上，即在利益方向一致的情况下，学习政策目标，提炼和升华整个政策网络的价值取向；规范学习则是对政策工具的学习，也就是采用哪种工具和手段来完成政策目标，并且使这一工具和手段成为政策网络行动者们内化的规范和行为准则（王春福，2007）。在政策网络中，所有政策网络的学习都不是单方向的，而是存在各种方向的全方位的、多维度的网式结构（蔡晶晶，李德国，2005）。

政策网络中的协调和妥协机制是指各个行为主体的协同互动，其本质在于对各个主体利益的整合与协调（王春福，2006）。这是政策网络运行的最主要方式，也是政策网络得以发挥实效的主要特征。因为政策网络是一种利益主体相关者所建立起来的制度化的互动模式，为了参与者的政策偏好或者某种政策诉求以实现共同的利益，他们会针对相关的政策话题进行平等的协商互动，在协商中不断地相互妥协并整合利益，所以这种多元主体的互动模式是一定程度上的复合博弈（王春福，2008），而政策网络也在这样的复合博弈过程中趋于协调并达成最终的政策结果。

总之，通过学习机制，政策网络行动者之间达成价值共识，作为共同行动的思想基础；通过协调机制，政策网络行动者以相对平等的地位进行协商，通过利益整合最终实现政策目标。如果学习机制中价值共识达成困难，或者协调机制中行为者之间平等协商存在问题，都可能会影响到最终政策结果的实现。这正是政策网络通过运行机制作用于政策过程的内在机制，同时这样的作用机制也会影响到政府固有的组织体系的运作过程，从积极的角度讲这会使得政府部门之间以更为开放的姿态进行互动，促进政策过程的合理化和政策效果的有效性。

7.3　A区与C市"三规合一"的政策网络分析

根据政策网络的相关理论，政策网络中的各行动者所处的位置、所掌握的资源以及所采取的行为方式，都将影响网络结构，并进而影响政策结果。就广州市各区（县）市的"三规合一"工作来说，虽然组织架构相同，但不同区（县）市在实际执行过程中，所形成的网络结构并不相同。

7.3.1　政策网络结构分析

A区的工作小组所形成的府际关系网络中，由区长担任组长，与广州市的工作小组类似，他是"区"这一级网络结构的直接利益相关者，处于该政策网络的核心位置（图7-2）。通过访谈得知，在实际工作中，该区区长拥有实际的领导和协调能力，是

"三规合一"这一政策最为积极的提倡者和合法的执行者。他所拥有的权力和资源与他所担任的职位相匹配，使他能够在这一网络结构中发挥协调与指挥的功能，促进整个政策网络的运行。同时由于该区长刚刚上任，急需将"三规合一"作为抓手，他所采取的行为方式也相对积极，也就是说，他进入该网络的目标非常明确，动力充足。处于核心地位的行动者积极支持的行为方式也势必会影响整个网络政策的运行效率，保证整个工作进程。作为直接利益相关者，区长能够有力协调分管的副区长以及国土规划、城市规划和发展改革部门等这些次级利益相关者，更不要说作为外围利益相关者的其他区直机关和镇街办了。所以，这一政策网络结构能够有效运行，较好地实现政策目标。

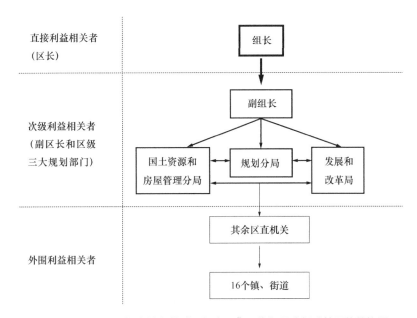

图7-2　A区以区长为核心的"三规合一"工作领导小组政策网络结构图

（资料来源：沈洁莹绘制）

对于C市来说，代市长担任的组长本来也应该如同A区的区长那样属于直接利益相关者，处于网络结构的核心地位。但是由于代市长所拥有的权力和资源与他目前所担任的职位不甚匹配，使得他无法发挥处于核心地位应该发挥的统筹协调作用。在实际工作中，该组长在C市"三规合一"府际网络中的指挥协调地位并不明显，没有处于实际上的核心地位。而个人的行为方式由于缺乏内在动力支持，不像A区区长那样采取积极主动的工作方式，也难以左右整个府际网络的进程。相反，C市规划局因为职责所在，被动处于政策网络核心地位。但是由于C市规划局在政府系统中并不是拥有最多权力和资源的部门，在统筹"三规合一"工作的时候就会力不从心，无法起到协调指挥的作用。另外，因为 C 市将林业规划也纳入此次工作，所以林业部门和国土部门、发改部门一样也成为 C 市"三规合一"政策网络的次级利益相关者，进一步导致网络构成的复杂化（图 7-3）。

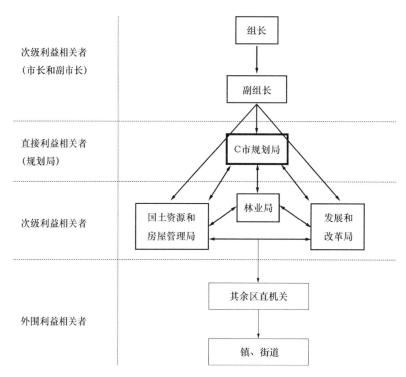

图 7-3　C 市以规划局为核心"四规合一"工作领导小组府际网络结构图
（资料来源：沈洁莹绘制）

从两个区市的比较可以看出，A 区以区长为核心的网络结构模式，更好地发挥了区长作为直接利益相关者的协调和指挥的作用，并能够影响其他利益相关者的行为，使之与整个政策网络的目标相一致，从而推动"三规合一"工作的顺利进行。而对于 C 市来说，代市长并没有处于核心的协调地位，无法发挥统筹指挥的作用，更多依靠 C 市规划局；但是在政府组织系统中，规划局与其他规划部门都属于平级，因此不能够有效地影响其他利益相关者的行为，导致各个部门行动目标无法趋于一致。再加上林业规划的加入，林业局也作为次级利益相关者，使得利益协调难度加大，矛盾更加凸显。从政策网络结构的角度来看，C 市相对于 A 区来说，"三规合一"工作障碍较多，进程困难，以至于 C 市规划局建议最好由市委书记当组长。

7.3.2　政策网络的运行机制分析

广州市"三规合一"工作以统一的信息平台为基础，各相关政府部门通过不断地交流与协调来保证工作运行的顺利进行。其中市里召开动员会、组织到各地的参观学习，是政策网络中学习机制的体现；政府内部召开的协调会议，则是妥协机制的体现。政策网络正是通过学习机制和妥协机制，提供了利益相关者互动交流的平台，通过谈判和协商的方式来解决争端，包括协调行动者之间的利益关系，也包括协调行动者与整个合作网络的关系（蔡新燕，赵晖，2009）。

从A区和C市的学习机制来看，基本没有任何差异。因为两个区市都是在广州市的统一部署下开展工作，都采用了统一的信息平台，并积极响应市里的动员会，参与各地的参观和学习活动。在学习和交流中，这两个区市的领导者和相关部门都逐渐地建立"三规合一"行动者之间的共同目标，让所有行动者的价值观尽可能与整个网络的价值观趋于一致。同时，他们都遵循用市里确立的统一的行动纲领，作为工作中共同的准则与规范。

但是，在妥协机制中，由于网络结构模式不同，加上经济发展状况和规划管理体制上的差别，A区和C市表现出不同的特征，影响了网络的运行效果。A区是处于经济快速发展阶段的城区，城市发展空间已经基本饱和，因此对规划用地指标需求强烈。在这一利益需求的驱动之下，以区长为组长的工作领导小组专注于每一个地块的挖掘，希望以"三规合一"为契机，能够获得更多的存量用地指标，从而使得重大项目落地，促进本区的经济社会发展。可以说，在A区，因为有着最基本的利益需求，使得利益妥协与协调机制能更好地发挥作用，从而能够促进"三规合一"的进程，提高工作效率和促进政策目标的实现。

同时，A区规划分局属于广州市规划局的派出机构，实现了垂直管理。在"三规合一"政策网络运行的妥协与协调机制中，A区规划分局因为有广州市规划局支持，能够相对平等地与区其他部门实现对话，平衡经济利益与规划用地指标。可以说，A区"三规合一"工作小组的政策网络是在相对平等的基础上建立起来的妥协机制，既能够实现运行机制的效率，又维护了平等原则。

对于C市来说，在"三规"的基础上又增加了林业规划，也就是说，基于C市目前的经济发展水平和维持森林覆盖率的现实需要，除了经济发展需求，其基本的利益诉求还需考虑林业的发展。因此在C市的妥协与协调机制中，经济利益与环境保护的矛盾更为突出，也就使得"三规合一"工作困难重重。另外，C市规划局相对独立，没有实现与广州市规划局的垂直管理，而是更多地受到C市政府的管理，在实际的工作中常常因为市政府的压力而不得不作出一些让步。

可见，从政策网络的运行机制来看，A区和C市在学习机制方面并无差异，如都是采用统一的信息平台，积极参与动员活动和学习互动，促进组织目标的统一等。但在妥协机制方面，A 区的基本经济利益需求统一，部门之间更加容易相互妥协和协调，并且垂直的管理体制使得 A 区的规划分局平等进行协商对话，平衡经济利益和土地规划指标之间的矛盾。但是 C 市由于林业规划的加入，利益冲突明显，使得妥协机制的实现困难加大，同时 C 市规划局在政府组织中的地位使得其不能平等地实现对话协商，会产生无原则的退让。

7.3.3 县（市）"三规合一"政策网络的启示

通过上述比较，让我们更深入地了解了区县政府开展规划管理具体实践工作时的差异，同时也加强了对县市"三规合一"工作的认识，为今后该项工作在全国的试点和推广提供了诸多启示。

第一，"三规合一"政策网络是伴随着"三规合一"领导小组的成立及其工作关系的形成而逐渐建立起来的，网络主体主要是相关的各级政府部门，因此可以归为府际网络。从理论上来说，政策网络通过网络结构和运行机制对政策效果产生影响。作为一种府际网络，通过前期动员和组织学习，各主体之间有较为一致的价值观和行为方式，容易实现政策目标。这一理论假设在广州市推行的"三规合一"机制创新中得到验证，是广州市"三规合一"工作得以实施的重要原因。

第二，就县（市）层面推行的"三规合一"工作而言，虽然网络结构和运行机制的设计遵循同样的模式，但由于中国行政管理体制所特有的条块分割现象，县（市）"三规合一"工作的推行，是典型的条块相结合而形成的府际网络。这种网络构成，导致各行业垂直管理强度和地方政府"一把手"横向资源整合能力的大小直接决定了网络结构中各主体间关系互动的强弱程度，进而影响政策运行结果。具体到广州市被调研的这两个区市，可见不同的区市政府的组织结构决定了区市"三规合一"小组领导者掌握资源和权力的多少，从而影响其在政策网络中的地位和作用。当然，本案例中，由于在市政府层面，"三规合一"领导小组办公室设在市规划局，使得规划管理的垂直与否成为影响政策网络运行的重要因素。

第三，政策网络运行机制会通过学习机制和妥协机制的作用影响政策效果。因此，要有效推行县市层面的"三规合一"工作，除了合理的制度设计之外，还必须构建相应的学习机制和妥协机制。通过组织间的互相参观和互动学习，可以增进网络中各主体对工作价值的统一和政策目标一致性的认可，有助于最终政策目标的实现；通过沟通平台的搭建和议事规则的建立，可以呈现不同的利益协调矛盾和不同的冲突情境，保证行动者政策目标的一致性和对话协商的平等性，从而实现良好的政策效果。

7.4 小结

本章以广州市以"三规合一"为代表的规划管理创新工作为例，比较了 A 区和 C 市两个县级单元在"三规合一"过程中所形成的政策网络，分析二者在网络结构和运行机制方面的相通之处和差异所在，以及由此产生的对政策过程乃至政策结果的影响。通过比较研究，让我们加强了对基层规划管理实践工作的深入认识，为今后改进该项工作提供了实证研究基础。

县（市）开展"三规合一"工作有一定的优势。简单说来，一是其作为我国行政区划体制中最为稳定的行政管理单元，集政治、经济、社会、文化功能于一体，在中国的地方管理体系中具有非常重要的地位。二是当前的"省管县"行政体制改革为"三规合一"提供了契机。所谓"省管县"体制是指省、市、县行政管理关系由目前的"省—市—县"三级体制转变为"省—市、县"二级体制，对县的管理由现在的"省管市—市管县"模式变为由省替代市实行"省管县"模式，其内容包括人事、财政、计划、项目审批等原由市管理的所有方面。省管县体制的逐步发展，显然有助于"三规合一"工作的落实和顺利开展。三是与地级市政府规划管理部门相比，县（市）政府，特别是县政府的城市管理的任务远没有达到复杂繁重的程度，规划管理中的协调部门较少，协调任务相对简单，因此建立"三规合一"规划管理体制的阻力小。但县（市）开展"三规合一"工作也存在挑战，最大的障碍应该还是中国行政管理体制中的条块分割问题。众所周知，"三规"分属不同的上级主管部门，在上级政府还没有理顺"三规"管理体制机制的时候，作为处于基层的县（市）一级政府来说，"三规合一"这一府际网络会由于多层级、多部门构成的不同利益主体，使得政策运行过程复杂艰难，难免导致政策效果大打折扣。这是县（市）"三规合一"制度设计时特别需要发挥智慧的关键所在。

8 互联网中的府际关系：以地级市政府规划管理 部门间的非正式网络为例 [①]

伴随着全球化和信息化时代的到来，网络已经无处不在。"网络是事物之间相互关联的一种模式"（伊斯利，克莱因伯格，2011），信息时代的互联网就是一种最简单的让事物关联起来的方式。当前，互联网不仅是主要的信息传输方式之一，它的诞生和发展还深刻地影响着人类生活的各个领域，并且对经济、文化、社会的发展与影响，已经呈现出结构性转化（卡斯特，2003）。也就是说，互联网不仅直接影响个体的生活，而且正在对个体之间的各种关系产生深远影响。既然在新的互联网技术影响作用下，一个由网络城市组成的全球城市网络已在浮现之中（汪明峰，2004），那么互联网时代的府际关系又呈现哪些特点呢？

为考察互联网时代地方府际关系的特点，本章利用全国地级市政府规划管理部门门户网站中的友情链接信息，建立了 287 个地级市（含 4 个直辖市）政府规划管理部门之间互相关注的关系矩阵，并用社会网络分析方法进行了分析。然后进一步以省级行政单元为边界，提取出各省内部地级市之间通过互相关注所形成的府际关系网络，进行省际差异研究。

研究发现，虽然各地政府借由互联网建立了非正式的网络关系，但从全国层面来看，就各城市的关注和被关注数量而言，存在位序—规模分布现象；就被关注数量而言，大部分省级行政区都存在省会（首府）城市首位律现象。从各省级行政区内部各地级市的互相关注关系来看，发现府际网络形态存在巨大差异，有简单链式型、简单轮式型、类轮式型和通道型等不同类型，从一个侧面反映出地方政府间不同的能动关系。同时，还发现省内的府际关系并非受行政关系约束的有趣现象。通过这一新数据和新方法的运用，从一个侧面揭示了当前中国府际关系的一些新特点，对于认识当前府际关系的省际差异和地区差异、有针对性地制定区域发展和合作政策、提高区域治理水平，具有实践指导意义。

[①] 本章部分内容已发表在《城市发展研究》杂志2016年第3期。

8.1　中国地方府际关系的网络化趋势

第 2 章中述及，在改革开放之前，中国的府际关系以纵向关系和条块关系为主导，横向关系并不显著。但在改革开放过程中，地方政府的自主性逐渐增强。而随着经济增长带来的环境社会问题，也迫使地方政府间除了竞争关系之外，彼此之间加强合作，共同应对区域性治理难题。因此，地方政府间的横向关系逐渐受到关注。正确认识当前地方政府间的府际关系，对于制定合理的区域治理政策、有效促进地方政府间的合作、避免政府间的过度竞争，具有重要的实践指导意义。

但现实中，反映府际关系的数据很难获得，导致对府际关系网络化趋势的判断缺乏定量分析和清晰描述。本章利用地方政府规划管理部门门户网站中对同级其他城市规划管理部门的关注信息，来获取府际关系的关系数据，并运用社会网络分析方法展开分析。

8.1.1　从城市规划管理透视府际关系

在信息化时代，几乎各级政府及其政府部门都建立了门户网站，并借由互联网形成了复杂的网络关系。之所以用地方政府规划管理部门网站中的信息而不是直接用政府门户网站中的信息，除了源于笔者的研究领域外，从获取数据研究府际关系的客观性和可靠性方面，还有如下两方面的原因。

第一，规划管理部门的门户网站有以下特点：① 规划管理部门是政府的重要组成部分，代表政府；② 凡是有门户网站的地级市政府规划管理部门，基本上都在首页上设置了友情链接栏目关注同行，为全面了解地方府际关系提供了基础信息（但并不是所有的政府门户网站都设置友情链接栏目关注其他城市）；③ 规划管理部门有一定的专业性，所以它们选择关注的对象与政府门户网站不同，后者在首页上如果有链接栏目，通常非常全面，如直辖市政府会将所有省、自治区、直辖市的网站作为链接对象，省会（首府）城市会将省内所有城市都作为链接对象等，因此看不出选择的偏好。但不同城市规划管理部门的链接对象各不相同，表面上看完全没有规律可循，因此为我们通过这一渠道客观地了解府际关系提供了更有价值的信息。

第二，之所以用地方政府规划管理部门网站中的信息，还因为城市规划作为地方政府的主要职能，是地方政府实施城市发展战略、促进地方经济增长的重要手段，并且已经成为地方经济社会发展的主要载体。在府际关系研究所关注的地方政府竞争与合作关系的领域，大多数涵盖在城市规划的实践内容之中。例如，现在地方政府间的竞争关系主要体现在经济发展方面，而城市规划部门负责组织编制各类规划，正是地方经济发展的主要载体。与此同时，省级政府希望地方政府加强合作，以更有效地利用有限的环境资源，避免环境污染，避免基础设施的重复建设，提供更好的社会服务等，同样体现在城市规划的编制中。

基于这一认识，本章研究的一个重要前提假设是，地方政府规划管理部门网站中的友情链接，在一定程度上体现了地方政府对与其关系密切的其他地方政府的关注程度，也就是说这些信息是研究府际关系的重要数据来源。此外，地方政府在相互竞争中，除了通过统计数据、新闻报道、开会、现场考察学习等方式了解竞争对手的相关信息外，在信息化时代，互联网无疑是不可忽视的重要途径。因此，通过地方政府规划部门之间彼此关注的关系，可以从一个侧面反映地方府际关系的现状。

8.1.2 研究方法

所谓社会网络，是"社会行动者及他们之间的关系的集合"（刘军，2009）。而社会网络分析则可以对各种关系进行精确的量化分析，从而为理论的构建和实证命题的检验提供量化工具（刘军，2007）。社会网络分析自诞生伊始，就扎根于组织背景的研究中（奇达夫，蔡文彬，2007）。国外的研究还显示，在运用社会网络方法研究"组织"这一领域中发生的最大的变化是研究对象从过去的传统垂直管理组织中的个体或小群体间的关系，到现在把组织关系网络作为一种被广泛接受的、替代传统垂直管理组织的一种新的组织社会生产的管制模式（Powell，1990）。可见，社会网络分析是很适合研究网络型府际关系的一种实证方法。

8.1.3 非正式网络在府际关系中的作用

本章利用地方政府规划管理部门门户网站中对同级其他城市规划管理部门的关注信息，来获取府际关系的关系数据。互联网中的关注关系体现的是一种非正式关系，由这种关系形成一种非正式网络（informal network）。

在群体或组织中，正式关系并不是唯一的沟通网络，还有被称为"小道消息"（grapevine）的非正式系统，而且已有研究发现，这种"小道消息"尽管是非正式的，但并不意味着不重要（罗宾斯，贾奇，2008）。当社会网络分析用于组织研究中时，一般是研究组织中诸如咨询、信任、友谊、情报、沟通和工作流程等关系的网络，以解释组织内部的决策、沟通、人事变动和组织冲突等问题（裴雷，马费成，2006）。这些非正式的关系，恰恰可以帮助人们了解那些影响工作效率，但在组织结构图上找不到的"无形的"网络（克罗斯，帕克，2007）。互联网中的关注关系体现的就是一种非正式关系，由这种关系形成的是一种非正式网络。在府际关系研究中，非正式网络被认为是区域治理的动力机制，在避免规模不经济、城市蔓延、环境影响、收入悬殊、政策重复等负外部效应方面大有作为（Andrew，2009），因此，更能够真实反映府际之间的关系。在国外的研究中，非正式关系通常指讨论、建议、信息共享等行为（Lee，Lee，Feiock，2012），在中国的府际关系研究中，还没有基于这类实证数据的研究。笔者认为，互联网本身作为一种平等参与、信息共享的平台，政府门户网站中对其他城市的关注信息实际上具有上述非正式关系的部分替代功能。此外，地方政府在相互竞争中，除了通过统计数据、新闻报道、开会、现场考察学习等方式了解竞争对手的相关信息外，在信息化时代，互联网无疑是不可忽视的重要途径。

8.2 基本特征分析

2012 年 8 月 [①]，通过中国大陆 283 个地级市及 4 个直辖市政府规划主管部门的门户网站上的友情链接栏目（图 8-1），收集了各地级市政府（及 4 个直辖市）规划主管部门对其他地级市（及 4 个直辖市）政府城市规划主管部门的关注信息。依此信息建立了城市间互相关

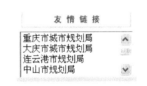

图 8-1　某地级市市规划局网站上友情链接栏目中的信息示意

注的关系矩阵，获得了共 250 个城市规划主管部门关注其他城市和被其他城市关注的数据 [②]。

（1）整体网络形态

上述矩阵是对府际关系进行社会网络分析的基础，运用 UCINET 软件，可以得到全国 287 个地级市（含 4 个直辖市）之间的府际关系网络图，如图 8-2 所示。在此基础上，进一步将各城市关注对象分为省（自治区）内城市和省（自治区）外城市，其中省（自治区）内城市互相关注所得的关系矩阵，是本章分析省级府际关系的主要来源。由规划管理部门的相互关注情况来看，总的说来，中国大陆各个城市之间的联系并不紧密，在 287 个地级市（含 4 个直辖市）中，平均关注数量只有 4.15，平均被关注数量为 3.67 [③]。但如果将研究对象聚焦到省级行政单元，则会发现各省（自治区）

---

① 特意标明获取数据的时间，是因为在之后的几年，由于机构调整等原因，有一些网站已经改版，友情链接信息也发生了改变。

② 在287个城市中，214个城市设有独立的规划局，36个城市的规划主管部门是与其他局委合并的形式，另外37个城市既无独立规划局，也没有其他主管部门。

③ 对于没有规划主管部门的城市，在关系矩阵中按（0,0）处理，即它们既没有关注其他城市，也没有被其他城市关注。

内城市之间的关注关系存在极大差异，为我们认识府际关系的区域差异提供了独特的视角。

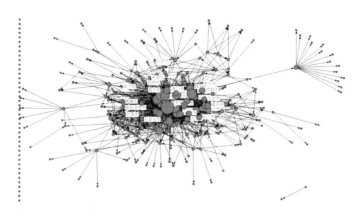

图 8-2　全国 287 个地级市政府规划管理部门之间通过友情链接所形成的府际关系网络

注：图中城市名只标示了省会（首府）城市和直辖市。圆圈越大，说明被关注的数量越多

在数据分析之前，首先需要说明几个概念。一是被关注数量，指的是在其他城市规划部门的网站中，将该城市规划部门作为友情链接对象的城市总数；二是关注数量，指的是某城市规划部门的门户网站中，把其他城市规划部门作为友情链接对象的城市总数。

（2）位序—规模分布

从全部地级市（含 4 个直辖市）的总体情况来看，不论是各城市的关注数量还是被关注数量，都符合幂次定律（Power Law）（图 8-3、图 8-4），说明互联网中活跃的城市是少数，大部分城市处于边缘状态。

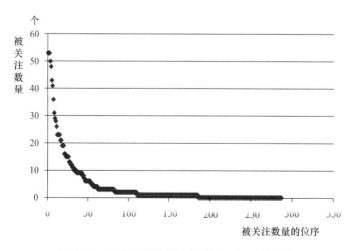

图 8-3　各城市被关注数量的位序—规模分布图

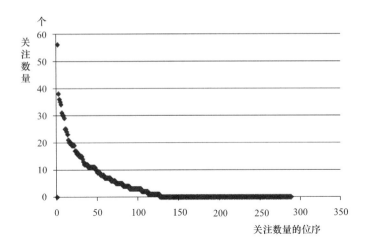

图 8-4 各城市关注其他城市数量的位序—规模分布图

（3）城市首位律

研究借用城市地理学中的城市首位度概念，用被关注数量排在前三位的城市的被关注指数，考察各省（自治区）的首位度情况，得到的结果如表 8-1 所示。

各省、自治区被关注数量及指数的首位度[①]　　　　　　表 8-1

省、自治区名称	被关注数第一	被关注数第二	被关注数第三	被关注指数第一	被关注指数第二	被关注指数第三
黑龙江	31	6	2	100	19	6
吉林	19	1	1	100	5	5
辽宁	9	9	2	100	100	22
山东	23	19	9	100	83	39
江苏	53	26	21	100	49	40
安徽	28	6	3	100	21	11
浙江	43	19	15	100	44	35
福建	21	16	10	100	76	48
河北	13	3	3	100	23	23
山西	9	0	0	100	0	0
河南	12	3	2	100	25	17
湖北	29	6	2	100	21	7

[①] 用一国最大城市与第二位城市人口的比值来衡量城市规模分布状况的简单指标就是城市首位度，首位度大的城市规模分布，就是首位分布（周一星，1995）。

省、自治区名称	被关注数第一	被关注数第二	被关注数第三	被关注指数第一	被关注指数第二	被关注指数第三
湖南	23	3	2	100	13	9
江西	6	3	2	100	50	33
广东	53	41	16	100	77	30
海南	15	8	—	100	53	0
青海	4	—	—	100	0	0
陕西	23	3	2	100	13	9
甘肃	7	1	0	100	14	0
四川	23	1	1	100	4	4
云南	11	1	0	100	9	0
贵州	5	1	1	100	20	20
内蒙古	9	6	3	100	67	33
广西	11	1	0	100	9	0
宁夏	4	0	0	100	0	0
新疆	3	0	—	100	0	0
西藏	3	—	—	100	0	0

注：表中被关注数量是来自全国各地级市。表中"—"符号表示没有数值，缺失数值在指数换算中，按0结果处理。

从被关注度来看，77.8%的省、自治区符合城市首位律，即省会（首府）城市的被关注数量与排名第二位的城市有巨大差距。在27个省、自治区中，青海、西藏、新疆、宁夏、山西5省（自治区）都只有省会（首府）城市被关注，另外22个省、自治区中，16个省会（首府）城市的被关注数量是排在第二位城市的两倍以上，实际上这其中大多数（14个）在三倍以上。也就是说，共有21个省、自治区的省会（首府）城市以绝对优势排在该省（自治区）各城市被关注度的首位。少量省级行政区呈现双中心格局，如辽宁的沈阳和大连、广东的广州和深圳、福建的福州和厦门、内蒙古的呼和浩特和包头。只有山东省的青岛市和海南省的三亚市，被关注度超过省会（首府）城市，但没有达到两倍的差异。这　结果与城市地理学中对中国城市规模的首位度计算结果大致相同。

如果把每个城市的被关注数量和关注数量分别作一个排名的话会发现，在被关注数量排名中，主要是直辖市和省会（首府）城市，其中受关注程度排名前十位的城市依次是广州（53个）、南京（53个）、上海（53个）、重庆（50个）、北京（48个）、杭州（43个）、深圳（41个）、天津（36个）、哈尔滨（31个）、武汉（29个）。而在关注数量排名前30的城市中，只有天津一个直辖市，大部分都是非省会（首府）城市。即在被关注数量排名前30位的31个城市中，有19个是直辖市或省会（首府）城市，占61.3%；在关注其他城市数量排名前30位的30个城市中，有11个是直辖市或省会（首府）城市，占36.7%。这一结果进一步说明了城市首位律现象。

但如果将研究对象聚焦到省级行政单元，会发现各省内城市之间的关注关系存在极大差异，为认识府际关系的区域差异提供了独特视角。

8.3　各省府际关系的网络形态分析

网络结构是研究横向府际关系的重要指标。简单地说，网络结构包括网络构成的要素和要素之间的关系。对本章所研究的府际关系来说，"要素"指的是构成网络的各地级市，"关系"是地级市政府规划管理部门的网站上有无互相关注的链接。利用社会网络分析方法的表达方式，可以非常方便地获得各省府际关系的网络形态，作为研究网络结构的最直观的手段。

8.3.1　数据来源

为研究省域内部的府际关系分析，利用本研究所收集的数据，在获取的全部地级市互相关注的矩阵数据中，以各省、自治区为单元，进一步筛选出省内各个地级市的互相关注数量作为数据分析的来源，如表8-2所示。

由地级市政府规划管理部门门户网站中的互相关注信息所形成的省内城市之间的矩阵关系（以黑龙江省为例）　　表8-2

	哈尔滨	齐齐哈尔	鸡西	鹤岗	双鸭山	大庆	伊春	佳木斯	牡丹江	七台河	黑河	绥化
哈尔滨		0	0	0	0	0	0	0	0	0	0	0
齐齐哈尔	0		0	0	0	0	0	0	0	0	0	0
鸡西	0	0		0	0	0	0	0	0	0	0	0
鹤岗	0	0	0		0	0	0	0	0	0	0	0
双鸭山	1	0	0	0		1	0	0	0	0	0	0
大庆	1	0	0	0	0		0	0	0	0	0	0
伊春	1	0	0	0	1		0	0	0	0	0	0

续表

	哈尔滨	齐齐哈尔	鸡西	鹤岗	双鸭山	大庆	伊春	佳木斯	牡丹江	七台河	黑河	绥化
佳木斯	0	0	0	0	0	0	0		0	0	0	0
牡丹江	0	0	0	0	0	0	0	0		0	0	0
七台河	0	0	0	0	0	0	0	0	0		0	0
黑河	0	0	0	0	0	0	0	0	0	0		0
绥化	0	0	0	0	0	0	0	0	0	0	0	

注：本矩阵为双值数据，即甲城市规划部门的网站中如果对乙城市规划部门进行了链接，则表示甲对乙进行了关注，在这两个城市行列相交的空格里数据为1，如果没有链接，则为0。

　　上述矩阵是对府际关系进行社会网络分析的基础，运用UCINET软件，可以方便地得到各省内部府际关系的网络图，如图8-5所示。图中直观地反映了该省内部各地级市因互相关注而形成的网络的基本特征：12个地级市中的4个城市之间有互相关注的关系，其中哈尔滨市被3个城市关注，大庆市被2个城市关注，同时关注了另外1个城市——哈尔滨，双鸭山和伊春市都分别关注了哈尔滨和大庆。其余8个城市没有关注省内城市，也没有被关注。

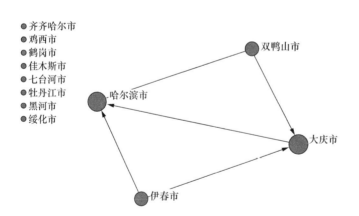

图8-5　黑龙江省的内部网络图

　　以此类推，用UCINET软件，将各省、自治区内部各地级市之间的关注关系绘制成网络图，可以比较各省、自治区内部的府际关系网络。

8.3.2　各省府际关系网络形态的类型

　　从全国层面来看，各省级行政区之间有较大差异。作为一种非正式网络，本章参照组织沟通的正式网络形态，对其进行分类。在组织沟通方面，正式的组织网络可以简化为三种主要类型：链式、轮式和全通道式（罗宾斯，贾奇，2008），如图 8-6 所示。链式严格遵循正式命令链，通常在严格的三级水平组织中，沟通渠道就是这种网络；轮式依赖一个核心人物作为所有群体沟通的渠道，特别是团队中有一个强有力的领导者时；而自我管理的工作团队通常以全通道式网络为特点，所有的群体成员各自作出贡献，没有一个人处于绝对领导的角色。

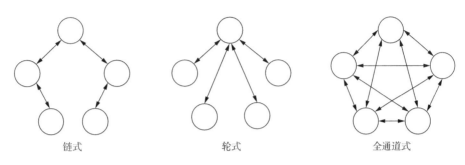

链式　　　　　　　　　　　轮式　　　　　　　　　　　全通道式

图 8-6　正式的组织沟通网络的三种类型

　　通过互联网所建立的非正式网络，与上述分类方式有相似之处，但远没有正式的组织网络那么成熟。在 27 个省、自治区中 [1]，没有形成内部关注的省级行政区有青海、新疆、西藏和海南。其中比较独特的是海南，虽然海口市和三亚市各自都有较高的被关注数量（高于平均值），但这些关注数量都来自省外，而且，海南是唯一一个非省会（首府）城市的被关注数量远高于省会（首府）城市的省级行政区（三亚：海口 ＝ 15 : 8）。除上述 4 个省级行政区作为无关系的类型之外，依据网络构成主体的数量和网络的复杂程度，将另外 23 个省、自治区内部府际关系的网络形态分为 4 类，从简单到复杂依次如下。

　　① 简单链式型：省内网络中只有少数城市之间有关注关系，并且是简单的链式关系。

　　② 简单轮式型：省内有部分城市之间建立了相互关注的关系，形成了简单的网络关系，但主要是依赖一个城市形成的网络，假如把该城市从网络中去掉，网络也随即消失。

　　③ 类轮式型：具体包括两种情况，一是大部分城市之间建立了较为复杂的关系，但部分城市被孤立在网络之外，如安徽；二是省内几乎所有的城市都包括在网络之中，但网络的形成主要依赖某一两个城市，网络中以单向关系为主，关系简单，中心度较高的城市一旦撤出，整个网络会散开。这一特点与简单轮式型相似，只是其网络中的

---

① 4个直辖市虽然也是省级行政区，但没有在此分析之列。

城市数量较多，如湖南、江西、四川、内蒙古等。

④ 通道型：基本上省内所有城市之间都经由"网络关注"的方式建立了关系，并且彼此关系紧密，表现为网络密度高、网络中的双向关系多、有多个中心、网络形态复杂，如江苏、山东、陕西等。

从网络形态上可以判定，显然通道型的网络形态意味着府际关系的整体密切程度要高于其他三类[①]。这里要特别说明的是，社会网络分析所产生的网络图，重要的是关联的模式，而不是点的实际位置（斯科特，2007）。尽管吉林、安徽、浙江、广西四个省级行政区的省会（首府）城市在省内网络中处于中心位置，但实际上它们并不影响网络结构，或者说形态。而且，在大多数省级行政区中，省会（首府）城市也并不处于网络中心位置。

8.4 互联网中的府际关系解读及其启示

讨论网络的结构或者说形态，只是互联网时代府际关系研究的起点，通过网络所建立起来的复杂系统的连通性，通常意味着两个相关的问题：一是结构层面的连通性——谁和谁相连，二是行为层面的连通性——每个个体的行动对于系统中其他个体所隐含的后果（伊斯利，克莱因伯格，2011）。那么作为一种非正式网络，借由互联网揭示出来的府际关系告诉我们哪些信息呢？

8.4.1 府际关系对政治经济社会环境的嵌入性

从全国层面来看，互联网对于沟通各个城市的关系来说，确实起到了跨越行政隶属和空间相邻的限制。但就各省、自治区内部的府际关系来看则存在差异。如果将网络形态的复杂程度与地区社会经济发展水平作一个相关分析的话，会发现，没有形成内部网络关系的省级行政单位（如青海、新疆、西藏和海南），都是少数民族地区，经济发展水平相对落后，城镇化水平相对较低，政府城市规划管理部门的作用显然不能突显。而网络形成充分的省级行政区（如通道式网络类型的省级行政区），只有陕西不是位于东部沿海经济发达地区；与此相对应，只有浙江是位于东部沿海发达地区但网络形态还相对简单的省级行政区。这些相关性都进一步证明了网络关系嵌入在现实中的政治经济社会环境中，即府际关系网络形态的省际差异在一定程度上反映了各省之间在社会经济发展和治理水平方面的差异。

① 以省、自治区为单元的区域内部联系图参见：李东泉. 地方政府规划管理组织间关系——基于政府门户网站友情链接的社会网络分析［J］. 城市发展研究，2016（3）：30–37+2.

除此之外，影响府际关系差异的因素可能包括各省级行政区政府的管理水平以及区域内部不同主体间的环境趋同性。长三角地区被认为是地方协作机制相对完善的地区（张紧跟，2009），其中江苏省不论是被关注程度还是自身内部的网络密度和网络强度，在全国都是最高的，全省形成非常紧密的网络形态（图8-7），在一定程度上反映了其区域治理水平。

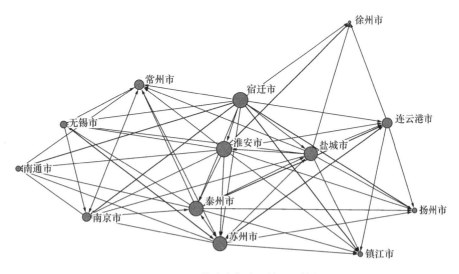

图 8-7　江苏省内部府际关系网络图

8.4.2　省内府际关系隐含的地方政府间的竞合关系

就城市个体来说，直辖市和省会（首府）城市显然受到更多关注。在被关注数量排名前30位的城市中，除了4个直辖市，主要是省会（首府）城市，二者总数为18，这与它们在政治经济社会环境中的地位显然有相关性。但如果我们将城市的个体行为与省内城市所形成的网络关系结合起来分析（城市个体行为通过其在全国网络中的关注/被关注的数量表示），会发现一个奇怪的现象，即虽然从全国层面来看，省会（首府）城市得到的关注度远高于全国平均水平，但在其各自省、自治区内，省会（首府）城市并没有成为中心，具体表现为它们大多不关注自己所在省、自治区的其他城市，同时，它们得到省、自治区内其他城市的关注也较少（表8-3）。这对于省、自治区内府际关系来说，是一个耐人寻味的结果。那么，这一结果又是由哪些原因促成的呢？为什么在同样的管理体制设计下，各省、自治区内部的府际关系会呈现如此大的差别呢？本研究在此尝试作出进一步解释。

正如前文中关于府际关系的定义中所言，影响横向政府间关系的主要动力机制是竞争与合作，因此，竞争与合作也是当代中国地方政府间关系的两种基本实践状态

（张紧跟，2009）。国外已有的研究结果也显示，"当地方政府意识到与另外一些地方政府存在竞争或合作的可能时，它们会倾向于建立非正式的网络关系"，目的是了解对手的有关信息，避免有合作机会出现时被隔离在外，然后继续保持竞争关系（Lee，Lee，Feiock，2012）。地方政府之间的互动关系，比如友情链接这样一种非正式的网络关系，实际上内嵌在它们彼此之间的社会经济和政治关系中（上一节已证明）。大多数地方城市都只关注省（自治区）内城市，而同时，大多数省会（首府）城市会关注与自己社会经济水平接近的其他省会（首府）城市，就是因为它们在社会经济发展方面具有一定程度的相似性。此外，从竞争的角度看，既然省会（首府）城市更关注与它相似的竞争对手建立联系，说明当前在中国大陆，大多数省会（首府）城市的竞争对手不在本省（自治区）内部，所以，它们的眼光也就更多地关注省（自治区）外。同样地，从合作的角度看，大多数省会（首府）城市也更愿意向省（自治区）外更发达的城市获取信息，寻找合作与学习的机会，而不是省（自治区）内（李东泉，2016）。

省会（首府）城市的平均关注数量与被关注数量　　　　表 8-3

	被关注数量（个）			关注数量（个）		
	平均被关注数量	省（自治区）内	省（自治区）外	平均关注数量	省（自治区）内	省（自治区）外
地级市	3.67	—	—	4.15	—	—
省会（首府）城市	17.74	2.74	15	10.26	0.56	9.7

8.5　小结

网络社会的社会结构由信息和通信技术推动的网络组成。随着互联网的普及，人们有了新的视角去考察城市之间的关系。虽然用一个政府部门网站中的友情链接信息不足以全面反映府际关系的真实状况，但毕竟为认识当前中国地方的横向府际关系掀开了一角。首先我们看到了互联网对府际关系的影响——在 287 个地级市（含 4 个直辖市）政府的规划管理门户网站中，除了没有规划管理部门的城市，都有对其他城市规划管理部门的关注信息，并且借由这种网上关注所形成的城市间的关系，与现实中通过其他数据分析所形成的认识有一定的相关性。由此可以看出，互联网已经成为城市网络的主要组成部分，也是研究府际关系的一个重要途径。因此，该数据不仅提供了研究中国地方政府府际关系的实证数据，由此形成的网络也提供了考察地方政府间关系的独特视角。

不同于以往运用企业、物流、航空流等侧重实体流量关系的分析，本章以互联网中的关注来代表地方政府之间潜在的竞争与合作关系，这也是府际关系的研究重点。通过对这种关系数据的分析，我们看到了中国地方府际关系的区域差异。这一现象是否暗含了政府间关系的网络化趋势，对于中国地方府际关系的发展趋势来说具有重要意义。因为府际关系网络化过程中，权力更趋向于分散，网络的发展与繁荣更多地是通过行动者之间的协作来实现的，因此节点之间的互补关系比竞争关系来得更为重要（汪明峰，高丰，2007）。在这一背景下，正确认识当前的府际关系，对于制定合理的区域治理政策、有效促进地方政府间的合作、避免政府间的过度竞争，具有重要的实践指导意义。

当前，借助互联网技术，我们所处的世界比以往任何时期都更紧密地联系在一起。全球化与信息化所带来的巨大变革，必然影响治理结构的变化。总的说来，面对全球化和推动它的新技术，需要更开阔的治理体系（夏铸九，2003）。这一新的治理体系的构建，不仅需要借助像互联网这样的新技术，同样地，互联网也将成为透视府际关系的新途径。互联网如何通过府际关系影响中国城市网络的形成与互动？我们又如何通过获取网络数据更加深入清晰地认识府际关系？这是在信息化时代，公共管理的研究视角和研究领域面临的挑战和拓展。

9 政策文本中的央地关系：以新型城镇化规划为例①

随着城市规划纳入国土空间规划体系，接下来新的制度建设依然要面对同样的问题，即如何在国家制定的规划管理制度中，合理划分央地权限，形成央地之间的良性互动关系，实现国家治理体系和治理能力现代化的目标。为此，本章以新型城镇化规划为例，通过对国家和省级行政区两级规划文本的分析，考察国家新型城镇化规划中的国家战略目标与规划理念在省级层面的政策传递情况，为进一步认识政策流变的影响因素提供实证观察。虽然新型城镇化规划是偏宏观性质的一种综合性规划，但任何国家层面的规划最终都需要地方政府的执行，而规划文本是规划实施管理的依据。本章从这一特定规划类型展示出统一的政策在多层级的传递过程产生的偏差，希望可以为今后构建国土空间规划体系提供参考。

本章以截止到 2015 年底出台的国家与省级共 18 份新型城镇化规划文本为研究对象，基于政策执行过程三分法，将研究视角聚焦于政策执行的第一环节——政策文本流变；同时借鉴当前国外相对成熟的城市总体规划文本的评估框架，从文本结构和文本核心理念两个层面构建了以内容分析为主要研究方法，且适用于我国新型城镇化规划文本研究的分析框架，对国家和省级行政区新型城镇化的规划文本进行了分析。结果显示，省级行政区新型城镇化与国家的规划文本结构趋同，在目标政策与行动计划等具体内容上体现了地区差异，主要问题是普遍存在"愿景陈述"要素的缺失以及行动计划部分内容的缺失。另外，国家新型城镇化的核心理念得到有效传递，但不同理念的传递效率在不同省级行政区间存在差异。

9.1 研究背景

政策执行是政策目标得以落实的过程，是决策意图实现的最为重要的、实质性的环节。进入 21 世纪以后，为应对我国在快速经济增长和城镇化过程中出现的可持续发展问题，陆续出台了大量不同领域的国家发展政策。然而当这些政策进入地方执行环节时，有效性却大打折扣，出现了各种各样的政策执行偏差，前文提到的耕地保护政策就是典型代表。导致这种执行偏差的原因是多方面的，其中很重要的影响因素是

---

① 本章主要内容已发表在《规划师》杂志2016年第9期，原文由李东泉、黎唯共同完成。

地方政府的偏好及央地关系的复杂性。此外，某些政策本身也存在一些不合理、不清楚的地方，导致地方对政策目标的理解不到位，进而影响了政策执行效果。因此，政策评估是很重要的工作。

　　尽管不同研究者、不同体制对政策概念的界定有所不同，但具有共识的是，政策通常包括目标和实现目标的方法（李瑞昌，2012）。政策执行的第一个子过程就是政策流变过程，是指政策从中央传递到地方的过程中政策内容是否得到有效传递的状况。对政策传递进行研究，也是评估政策质量以及政策是否得到执行的一项重要内容。

　　2014 年 3 月 16 日，《国家新型城镇化规划（2014—2020 年）》正式出台，成为指导我国城镇化健康发展的宏观性、战略性、基础性规划。随后，许多省也启动了省级行政区新型城镇化规划的编制工作。截至 2015 年底，已有共计 17 个省级行政区出台了省域新型城镇化规划（其中山东、贵州、河北三省为公众咨询稿，四川省为缩减稿）。这一具有重要战略地位、对我国未来城镇化发展具有极大影响力的规划，在当前中央政策地方执行存在不畅的基本现状条件下，能否得到有效执行，是值得关注的问题。因此对新型城镇化规划的政策执行展开研究具有重要意义。

9.2　政策执行中的政策文本传递及政策流变

　　政策科学研究始于美国，以学者哈罗德·拉斯韦尔为代表掀起的"政策科学运动"为标志，其将政策科学划分为政策制定、政策执行、政策监督、控制与调整以及政策评估反馈等环节（李戈，2009）。其中政策执行又称为政策实施。这一环节，按照英国学者鲍威尔（Powell）的过程解析，又可以划分为"三流"，分别为：以语言为载体、与"地方目标被认同程度"相联系的政策流；以人的互动行为为形式、涉及"实现目标的实现机制或工具"的过程流；以资金为内容的资源流（李瑞昌，2012）。此理论对于政策执行的划分方式尽管并未获取西方学界的一致认可，但这种理解方式有利于研究者从中择一层面加以研究。

　　基于鲍威尔"三流合一"政策执行模型，我国学者李瑞昌结合中国的实际情况，在继承与改进的基础上，构建了"三流合一"椎体结构分析框架。此分析框架将"政策流"定义为政策在不同层级政府以及不同部门逐级、逐个组织下发，在下发的过程中则常常出现形式变化、内容调整的过程。在这个过程中，不只是地方政策目标被民众认同，更是中央政策目标被地方认同或地方政府将中央政策目标清晰化（李瑞昌，2012）。与此同时，资源流也将人力、知识、技术等资源纳入研究范围。李瑞昌认为"中国公共政策实施的过程实际上是由三个子过程构成：一是政策文本运动过程；二是政府职能部门实施行动；三是社会参与实施活动过程所构成的政策网络实施行动过程"（李瑞昌，2012）。简而言之，李瑞昌的椎体模型将政策执行过程分解成三个子过程：政策文本流变过程、职能部门政策执行过程，以及公众参与过程。其中，政策流变过程是政策执行的首要子过程，意指政策从中央传递到地方的过程中往往会被重新解读、细化或再规划，这些程序并非千篇一律，而是不停调整和变更的，由此形成风格分殊、结构各异、重点不同的政策文本，并最终形成中央统一、地方多样的执行格局（李瑞昌，2012）。本章重点关注政策实施的第一个子过程。

在像中国这样的单一制国家中，政策文本实际是以极高的频率在不同政府层级之间进行生产与再生产的。鲍威等人曾指出"政策在描述它的文本中发展""文本须依据政策产生的特定时间与地点进行理解"（Bowel，Ball，Anne，1992）。而政策执行亦并非单纯做某件事，更是政策文本再创造的过程。此过程中，元文本与再创造文本却"并不必然具有内在的一致性和明确性""误解的可能性与之相伴"。因而政策的传递绝非简单地被接受、被执行，而是需要被理解、被解释，进而被再创造。因此，对不同层级政府政策文本间的传递进行系统分析，能够发现政策再生产的结果。

新型城镇化是事关我国今后社会经济发展方向的重大战略，规划的实施主体包含了从中央到地方的各级政府。不同层级政府依据各自情况、以不同细化程度呈现出的新型城镇化规划文本存在较明显的政策文本流变现象，其中从中央到省级政策文本的变化情况，不仅为认识中国的政策执行提供了一种新型的政策样本，还为今后进一步探讨在政策文本传递的过程中哪些因素对政策文本流变产生影响、影响有多大以及这些政策文本流变又如何影响新型城镇化的实践提供了研究基础。

9.3　国家新型城镇化规划文本分析

规划实施的主要依据是规划文本。"良好的规划"应该能有效表达、转译各种规划决策，并"应该具备高水平的内容与格式"（Berke，Godschalk，Kaiser，2006）。根据国外城市规划评估的经验和标准，一份合格的规划文本应该具有良好的文本完整性和承接性（宋彦，陈燕萍，2012）。文本完整性是指规划文本具备基本的要素，并且表述清晰、易懂、完整，这些要素包括基础事实、愿景陈述、目标政策、行动计划四项；承接性是指规划文本各要素间能实现良好的衔接与相互间的有力支撑，在文本结构上呈现递进式线型逻辑，这一特点通过文本要素结构呈现出来。也就是说，一份好的规划文本，至少应符合两个标准：一是文本要素完备，二是要素之间符合递进式线型逻辑关系。这一标准体现的是规划文本质量标准的内在有效性原则（Berke，Godschalk，2009）。虽然这是以美国城市总体规划文本为例构建的内在有效性评估技术框架，但已经有人用这一框架对中国气候变化政策作出了评价（Li，Song，2015）。可见这一评估框架不仅局限于城市总体规划文本。因此，笔者认为城市总体规划对于规划文本的要求也应适用于新型城镇化规划的分析，并将运用这一技术框架，对国家和省级行政区新型城镇化规划文本的要素和结构，以及国家新型城镇化规划中提出的核心理念——"以人为本、四化同步、优化布局、生态文明、文化传承"这二十字方针在省级行政区新型城镇化规划中的传递情况进行政策流变分析。

9.3.1 国家新型城镇化规划文本概况

《国家新型城镇化规划（2014—2020年）》的目的是明确未来城镇化的发展路径、主要目标和战略任务。通览《国家新型城镇化规划（2014—2020年）》规划文本，可以看出文本是依据"问题—对策"的基本逻辑展开论述的。从内容构成上看，文本共分为八篇、三十一章。为便于分析，在本章中进一步将其简要划分成三大模块（图9-1）。其中第一篇——规划背景，主要阐明了城镇化发展的重要性、必要性以及推动力，详述了当前我国城镇化发展的重要意义、现存问题以及今后的发展态势，为后文展开打下坚实基础，构成第一大模块；第二篇——指导思想和发展目标，立足当下展望未来，明确了我国到2020年新型城镇化发展的具体目标以及指导原则，构成

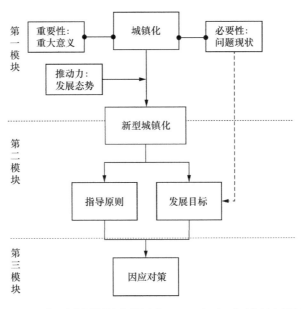

图9-1 《国家新型城镇化规划（2014—2020年）》基本框架

（资料来源：黎唯绘制）

第二大模块；第三~八篇，针对前文所提出的当前我国城镇化所存在的问题以及未来发展的目标，为我国新型城镇化发展作出全方位规划部署，提供解决问题、实现目标的对策，是占全文最大篇幅，也是最重要的内容，构成第三大模块。

9.3.2 国家新型城镇化规划文本要素与结构评估

按照前文所提到的规划文本评估方法，《国家新型城镇化规划（2014—2020 年）》文本在基础事实及目标政策两个要素的呈现上是较完备的，而在愿景陈述和行动计划两个要素上存在不同程度的欠缺。

（1）基础事实清楚，对政策目标提供了有力支撑

《国家新型城镇化规划（2014—2020 年）》第一篇中通过第二章"发展现状"及第三章"发展态势"两章的内容，结合对我国城镇化率、城镇数量及规模、城市基础设施和服务设施等相关数据的量化分析，对我国改革开放以来城镇化发展的历程、取得的成就、快速城镇化发展进程中出现的突出矛盾和问题以及当前我国城镇化发展所面临的内外部环境和挑战进行了全面、客观、详细的说明，为下文发展目标的设定提供了事实依据。我国的城镇化发展现状、所面临的内外环境是生成发展目标的根本基础，基础事实要素对目标有良好的支撑作用。

（2）目标明确，政策支持相对完备

规划文本在第二篇第五章"发展目标"中，分别从人口、空间格局、发展模式、生活环境及体制机制保障五方面确定了未来的发展目标。就政策内容来说，在本章前文的文本概况介绍中已简要将该规划文本整体划分成了三大模块，其中第三~八篇为第三大模块——规划策略。策略分别从农业转移人口、城镇化布局、城市可持续发展能力、城乡一体化、体制机制角度切入，与五大目标对应分析，能发现各策略与目标有极高的承接性。因此，就较宏观的策略层面而言，目标通过政策得到了良好体现。就更为微观的政策层面而言，五项方向性发展策略下，又以更细的专业领域划分为基础，分别由数量不等的多项具体政策支撑（见该规划文本图 2《国家新型城镇化规划（2014—2020 年）》内容概览）。由此可见，我国新型城镇化规划文本对于未来国家城镇化发展的部署是有重点、有方向，并且是政策支持相对完备的。

（3）行动计划存在缺失

行动计划通常包含两部分内容，一是规划政策实施程序，二是规划实施监测程序。规划政策实施程序应包含三项任务：对规划政策、措施进行优先排序；为规划实施具体工作制定责任部门；制定具体工作行动时间表。规划实施监测程序则主要对规划成果的实施程度进行跟踪和反馈，并随时调整后续的具体工作及相应时间表。按照这一

标准，国家新型城镇化规划文本中的行动计划部分是存在缺失的。不过这一特点其实符合《国家新型城镇化规划（2014—2020年）》这一宏观性、战略性、基础性的政策定位，具体的行动计划需要在地方规划中予以体现。

9.4 新型城镇化规划文本传递中的流变分析

9.4.1 各省新型城镇化规划概况

研究通过百度搜索引擎进行搜索查找，总计获取省级行政区新型城镇化规划文本17份，涵盖东、中、西三个板块（表9-1）。其中包括编制完成并正式发布的云南、甘肃、青海、福建、江苏、江西、河南、广西、吉林、陕西、山东、黑龙江、湖南共计13个省级行政区的新型城镇化规划文本，山东、贵州、河北3个省级行政区所发布的公众咨询稿，四川省公布的缩减版。

样本分布情况   表9-1

区域	省、自治区名称
东部	河北省、江苏省、广东省、山东省、福建省、黑龙江省、吉林省
中部	河南省、湖南省、江西省
西部	四川省、贵州省、青海省、陕西省、云南省、甘肃省、广西壮族自治区

《国家新型城镇化规划（2014—2020年）》是由国家发展与改革委员会主持编制的，而省级新型城镇化规划的编制单位却并非都是各省发展与改革委员会。从牵头编制单位的构成来看，各省级行政区主要有以下三种形式：由发改委牵头、由住建厅牵头以及由发改委和住建厅共同牵头（表9-2）。

省级新型城镇化规划牵头编制单位   表9-2

牵头编制单位	省、自治区、直辖市	占百分比
发改委	山西、湖南、云南、江苏、江西、黑龙江、青海、河北、河南	64%
住建厅	山东、贵州	14%
发改委与住建厅	广东、四川、广西	22%

9.4.2 省级新型城镇化规划文本要素与结构评估

研究采取同样的文本评估方法，并参照《国家新型城镇化规划（2014—2020年）》文本中的相关内容，分别对17份省级行政区新型城镇化规划的文本进行了分析。结果如下。

（1）基础事实与愿景陈述两个要素高度相似

《国家新型城镇化规划（2014—2020年）》基础事实要素部分主要由我国城镇化的发展成果、出现的突出矛盾和问题以及面临的形势三方面内容构成。省级行政区新型城镇化规划的文本在基础事实内容构成上，基本也都沿用了国家文本的构成方式，只有个别省级行政区文本存在差异：① 黑龙江省的文本中缺少对于内外环境的描述；② 广东省与四川省缺乏对基础事实的交代，即文本中没有包含对各自的城镇化发展成就、出现的突出矛盾及问题、所面临的形势——构成基础事实要素的三大主要内容的描述。

省级新型城镇化规划文本中愿景陈述同样相对缺失。研究以与国家规划文本分析类似的方法，通过细阅各省级行政区规划文本，将在一定程度上承担了愿景表述功能的"指导思想"中部分内容以及少数文本的"发展道路"中的部分内容进行了整合分析，发现其愿景与目标在文字表述上也与国家新型城镇化文本高度重合。

（2）目标政策既有一致性又有省际差异

我国幅员辽阔，34个省级行政区在政治、经济、文化、自然条件上存在着较大差异，本章文本所在的17个省级行政区在东部、中部及西部地区均有分布。不同的发展条件及发展状况对于各省级行政区的发展目标制定也将产生一定的影响。这些影响因素导致各省级行政区新型城镇化文本中关于"目标政策"和"行动计划"两个要素上表现出与国家新型城镇化的不同，以及各省级行政区之间的差异。

研究通过集中摘录17个省级行政区新型城镇化规划文本的目标表述，进一步分析整理，并与《国家新型城镇化规划（2014—2020年）》文本进行比较分析，发现各省级行政区文本的目标表述存在一定的差异性。根据差异特征，可以将省级行政区新型城镇化规划文本中的目标表述方式分为高度一致型、拆分—整合型、缺失—增添型、目标缺失型四种类型（表9-3）。

省级行政区新型城镇化规划文本目标表述形式分类　　　　表9-3

类型名称	类型含义	省级行政区名称	数量
高度一致型	省级目标的设定与国家文本分别在目标角度设定及内容表述方面高度一致	甘肃、吉林、山东、湖南	4
拆分—整合型	省级目标的设定存在将国家文本中某单一目标进行拆分，或将国家文本中多个目标整合为一	云南、青海、江苏省、河南、广西、陕西、河北	7
缺失—增添型	省级目标的设定在国家文本基础上，存在某些方向目标的缺失，或在新的角度增添了目标	福建、江西、陕西、广东、贵州	5
目标缺失型	省级文本中缺少明确目标设定章节内容	黑龙江	1

从政策执行角度而言，在多种因素综合影响下，各省级行政区新型城镇化规划在目标设置上存在与国家目标设置的差异，对应的政策设置也必然呈现出一定的差异性。进一步通过对 17 个省级行政区新型城镇化规划文本策略与目标对比分析，发现省级行政区规划文本目标与政策的对应性均较强。

（3）行动计划质量差异较大

前已述及，《国家新型城镇化规划（2014—2020 年）》在行动计划要素上呈现相对缺失的情况，在一定程度上与其宏观性、战略性、基础指导性地位有关。当国家级战略规划落实到省级地方层面时，理应得到因地制宜地具体细化。这种细化第一步应在政策文本中得到体现，即省级新型城镇化规划文本理应涵盖行动计划这一规划文本基本要素。

研究通过对 17 份省级新型城镇化规划文本进行全文查找，判断筛选，最终获取了各省级行政区规划文本中行动计划的具体情况。通过比较分析，结合其在文本中不同的呈现方式及行动计划的判断标准，同样可以将文本归为四类（表 9-4、表 9-5）。

省级行政区新型城镇化规划文本行动计划呈现分类　　表 9-4

类型	省级行政区名称	数量
完整型行动计划	山东	1
相对完整型行动计划	甘肃、江西、广西、湖南、广东、贵州	6
提及型行动计划	云南、福建、江苏、河南、吉林、陕西、黑龙江、四川、河北	9
无行动计划	青海	1

省级行政区新型城镇化规划文本行动计划一览　　表 9-5

名称	类别	行　动　计　划
云南	完整	无
	相对完整	无
	提及	高技能人才培养计划
甘肃	完整	无
	相对完整	1. 农民工职业技能培训计划 2. 改善农村人居环境行动计划
	提及	"365" 现代农业发展行动计划
青海	完整	无
	相对完整	无
	提及	无

续表

名称	类别	行 动 计 划
福建	完整	无
	相对完整	无
	提及	1. 农民工职业技能提升计划 2. 离校未就业高校毕业生就业促进计划 3. 棚户区改造行动计划 4. 绿色建筑行动计划 5. 大气污染防治行动计划 6. 美丽福建宜居环境建设行动计划
江苏	完整	无
	相对完整	无
	提及	落后产能淘汰计划
江西	完整	无
	相对完整	棚户区改造行动计划
	提及	无
河南	完整	无
	相对完整	无
	提及	1. 绿色建筑行动计划 2. 城市河流清洁行动计划 3. 全省科学推进新型城镇化三年行动计划 4. 农村劳动力技能就业计划 5. 雨露计划 6. 职业教育攻坚计划 7. 扶贫攻坚计划
广西	完整	无
	相对完整	旧城和棚户区改造行动计划
	提及	无
吉林	完整	无
	相对完整	无
	提及	1. 鼓励高等院校和专职培训机构实施农民工高技能人才和创业培训计划 2. 三年行动计划 3. 战略性新兴产业九大专项行动计划 4. 大气污染防治行动计划 5. 国家节能行动计划 6. 绿色建筑行动计划 7. 信托计划
陕西	完整	无
	相对完整	无

续表

名称	类别	行 动 计 划
陕西	提及	1. 治污降霾和农村环境整治行动计划 2. 发行信托计划
山东	完整	1. 市民化行动 2. 县域城镇化行动 3. 产城融合行动 4. 文化传承行动 5. 绿色城镇行动 6. 设施建设行动
	相对完整	无
	提及	无
黑龙江	完整	无
	相对完整	无
	提及	农民工职业技能提升计划
湖南	完整	无
	相对完整	农村转移劳动力职业技能提升计划
	提及	1. 未就业高校毕业生就业促进计划 2. 节能改造计划 3. “车、船、路、港”千家企业低碳交通运输行动计划
广东	完整	无
	相对完整	1. 行动一：打造“珠三角 1 小时宜居生活圈” 2. 行动二：促进“汕潮揭发展同城化” 3. 行动三：建设“大雷州湾—北部湾全面协作区” 4. 行动四：设立“生态经济创新发展综合改革试点” 5. 行动五：强化“节点创新” 6. 行动六：培育“七大湾区” 7. 行动七：推进“粤东西北中心城区扩容提质” 8. 行动八：开展“绿化广东”和“南粤水更清”行动 9. 行动九：推进“基本公共服务均等化” 10. 行动十：创建“国家（珠三角）社会事务治理综合改革试验区”
	提及	无
四川	完整	无
	相对完整	无
	提及	引导科技人员、大中专毕业生到农村创业，深入实施边远贫困地区、民族地区和革命老区人才支持计划
贵州	完整	无
	相对完整	六项行动计划

续表

名称	类别	行 动 计 划
贵州	提及	1. 三个 1 亿人行动计划 2. 农民工职业技能提升计划 3. 棚户区改造计划 4. 国家和省城镇保障性安居工程支持计划 5. 离校未就业高校毕业生就业促进计划
河北	完整	无
	相对完整	无
	提及	1. 农民工职业技能提升计划 2. 离校未就业高校毕业生就业促进计划 3. 优先发展公共交通行动计划 4. 深入实施防治行动计划 5. 绿色建筑行动计划 6. "百城购物·供销社超市"计划

（资料来源：17份省级行政区新型城镇化文本）

一是完整型行动计划。山东省新型城镇化规划文本是唯一一个属于此类的规划文本。其以一个章节的篇幅，分别构建了市民化、县域城镇化、产城融合、文化传承、绿色城镇、设施建设六大行动。每一项行动计划又明确了若干行动要点，详述了主要内容，并以 2017 年为时间节点制定了可量化衡量的行动计划目标。更为重要的是，每一项行动计划均明确了牵头单位以及成员单位，即落实了计划实施、监测、反馈的责任部门。由此看来，山东省规划文本中所构建的行动计划满足了规划文本评估中对于行动计划要素的要求。

二是相对完整型行动计划。甘肃、江西、广西、湖南、广东、贵州分属此类。即文本有明确行动计划的主要内容，并提供了有具体时间节点、可量化衡量的行动目标，但并未指定具体的责任部门。由于此类行动计划阐述相对具体，因此在文本中往往通过专栏的形式呈现，如甘肃省文本中专栏 8 "农民工职业技能培训计划"、专栏 13 "改善农村人居环境行动计划"；贵州省文本中专栏 7.2 "六项行动计划目标"等。

三是提及型行动计划。云南、福建、江苏、河南、吉林、陕西、黑龙江、四川、河北分属此类。此类文本中只是简单提及了某项行动计划，或对其进行了简要介绍，但并未进行计划的具体部署，即既无阶段性的目标设定，亦未为各项行动计划拟定责任部门。因此严格意义上讲，并不符合行动计划要求。

四是无行动计划。青海省规划文本分属此类。即文本中既无提及、更无详述任何行动计划。

总体而言，省级规划文本体现了对国家新型城镇化规划的有效执行，同时体现了各地自身自然环境和社会经济发展水平的独特性。

9.4.3 省级新型城镇化规划文本理念传递分析

除了分析文本要素和文本结构之外，要考察政策流变，对政策核心内容的分析也是必不可少的。受篇幅所限，本章选取国家新型城镇化规划中所确定的"以人为本、四化同步、优化布局、生态文明、文化传承"这一核心理念，对其进行政策传递分析。这20个字被认为是对中国新型城镇内涵的具体解释，同时也作为规划指导思想，在规划文本中得到充分展示。那么在政策传递过程中，各省级行政区对这一理念的认识程度如何呢？我们继续通过对各省级行政区规划文本的分析来回答。

（1）评估方法

为简单量化这一核心理念的传递情况，让各省级行政区之间的规划文本具有可比性，采取如下评估方法：第一步，以国家新型城镇化规划文本内容为依据建立评估标准。经过仔细阅读，发现基本上每项理念都能从国家新型城镇化规划文本中梳理出3个维度的评估标准，分别是1个目标要素加2个策略要素。

第二步，按照各省级行政区文本中对每个维度相关内容的描述详尽程度，分为详尽型阐述（2分）、提及／缺失型阐述（1分）以及无阐述（0分），并分别赋值。其中，对于目标要素来说，详尽型是指将该理念作为独立目标列出并有进一步的说明，提及型是指在目标里提到该理念，无阐述是指目标要素里没有该理念。对于策略要素来说，详尽型阐述指阐述清晰、详尽，包含应有的要素；缺失型阐述指阐述偏模糊、笼统、简略提及，或存在要素缺失；无阐述是指该项要素缺失。

以"以人为本"理念的传递为例，从目标要素看，详尽型阐述指将城镇化水平与质量作为独立目标，并且在目标阐述中兼具"提高城镇化率并缩小户籍人口与常住人口的城镇化率差距"及"基本公共服务常住人口的全覆盖"；缺失型阐述指以上二者只具其一。从策略要素来看，评估标准从户籍制度和基本公共服务两个方面进行考察。其中户籍制度的详尽型阐述应包含农业转移人口落户和差别化落户两方面；基本公共服务的详尽型阐述需包含教育、就业、社会保障、基本医疗、住房保障五个方面的基本公共服务内容。以此类推。

第三步，计算得分。按照上述标准，每项理念在省级规划文本中的传递情况得分最高为6，最低为0，合计总分最高为5×6＝30分。根据各省级行政区各项理念的评估得分，可以很容易地算出省级文本与国家文本的一致度情况。其中各省级行政区一致度的算法为各省级行政区所得总分除以30，每项理念一致度的算法是各省级行政区得分的均值除以6。需要说明的是，该算法只是为了让评估结果简单直观。

（2）综合得分

按照上述评估标准，对省级新型城镇化文本的评估综合得分如表9-6所示。

国家新型城镇化核心理念在省级新型城镇化文本中的传递情况　　表9-6

序号	名称	以人为本	四化同步	优化布局	生态文明	文化传承	总分	一致度
1	黑龙江	4	1	3	2	1	11	0.367
2	吉林	5	4	6	4	3	22	0.733
3	山东	6	4	6	5	5	26	0.867
4	河北	6	4	6	4	2	22	0.733
5	江苏	6	3	6	5	4	24	0.800
6	福建	5	4	5	3	3	20	0.667
7	广东	6	4	6	6	3	25	0.833
8	江西	5	4	6	6	3	24	0.800
9	河南	6	4	6	5	3	24	0.800
10	湖南	6	4	6	6	5	27	0.900
11	四川	6	4	6	3	2	21	0.700
12	青海	6	4	5	6	3	24	0.800
13	甘肃	5	3	5	4	3	20	0.667
14	陕西	6	4	6	4	3	23	0.767
15	云南	6	4	5	5	6	26	0.867
16	贵州	5	3	4	6	6	24	0.800
17	广西	6	4	6	5	5	26	0.867
	均值	5.588	3.647	5.47	4.647	3.53	22.9	0.763
	一致度	0.931	0.608	0.91	0.775	0.59	0.76	—

（3）结果分析

在国家新型城镇化所确立的5项理念中，"以人为本"理念传递的最为有效，一致度达到0.931，"文化传承"最低，一致度只有0.59。反映出各省级行政区对新型城镇化不同理念的理解和重视程度有所不同（图9-2）。值得注意的是"四化同步"，虽然在国家新型城镇化战略中排在第二，在省级规划文本中却仅处于倒数第二的位置，这一结果有悖常理。通过进一步分析国家规划文本发现，原因恐怕在于国家规划文本中对此表述比较模糊，虽强调要实现信息化、工业化、农业现代化与城镇化的同步协调发展，但四者之间的相互促进、融合难以具体衡量，导致地方政府对此理解不能到位。这一结果的启示是，中央政策表述清晰是政策执行的基本要求（李东泉，黎唯，2017）。这也是西方在政策执行研究过程中，通过发现类似的问题而对中央政策提出的要求。

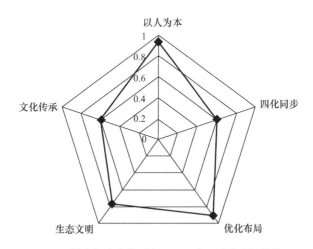

图 9-2　地方与中央分别在 5 项理念一致度之间的差异

就省际差异来说，与国家规划文本一致度最高的是湖南省。细究原因，会发现这一结果似乎从一个侧面论证了本章所采取的研究方法的有效性。因为湖南省新型城镇化规划的编制由国家发改委下属的宏观院主持完成，编制队伍中的多名专家曾参与国家新型城镇化规划的编制工作，因此对国家政策的理解相对其他省级行政区来说更加到位。另外，除湖南之外，山东、云南、广西等省级行政区的一致度较高，黑龙江最低（图 9-3）。

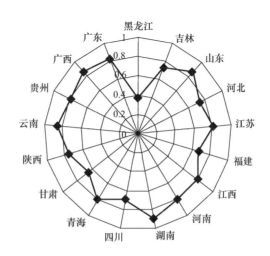

图 9-3　各省级行政区与国家在 5 项理念总体一致度的差异

9.5　小结

就评估结果来看，可以得出以下结论。

一是规划文本要素与结构趋同。省级新型城镇化规划文本在要素单体以及要素结构上整体呈现出与国家文本相似的特征，具体表现在以下几个方面。其一，在要素完备性上，国家文本与88%的省级文本（15个省级行政区）均是具备基础事实、目标政策两个元素，在规划愿景与行动计划两个元素上相对缺失。其二，在要素结构上，国家与省级层面文本也同样呈现相同的状况，即基础事实与政策均能较好支撑目标，但是目标的量化程度有待提高，行动计划也有待进一步理清。其三，要素结构的递进式线型逻辑不够顺畅。不过，不少省级行政区在行动计划方面的内容上都比国家规划更加详细，体现了国家政策在省级层面的有效执行。可见，各省级行政区在地区新型城镇化规划文本中都在相当程度上实现了对中央规划政策的继承。这一现象是我国单一制国家央地关系的又一反映。作为单一制国家，我国在纵向府际关系的处理上一直强调层级节制。同时也说明，国家规划文本质量会直接影响地方规划文本的编制。

二是宏观层面规划理念得到有效传递。从理念传递层面，省级新型城镇化规划在目标与政策两大模块中，均至少于其中一个模块呈现了"以人为本、四化同步、优化布局、生态文明、文化传承"五大核心理念，尽管各省级行政区文本在各理念的呈现形式与阐述的详略程度上存在一定差异性，但从宏观视角而言，可认为省级新型城镇化规划大体实现了国家新型城镇化的核心理念传递。

三是各省级行政区受自然地理条件、文化传统、经济发展水平以及规划制定者对新型城镇化的理解等条件的约束，在文本内容上既存在与国家新型城镇化规划不同之处，各省级行政区之间也有差异。这也是中央政策在向地方传递过程中的正常表现，从一个侧面反映了我国各地方政府能够根据自身条件，因地制宜地执行中央政策，是一种健康的央地关系的表现。当然，文本分析中所透露出来的差异，也为进一步探讨地方政府如何执行中央政策提供了线索，有待深入研究。

总体而言，至少从文本内容分析来说，国家新型城镇化规划在省级层面得到了较好的政策传递。但即便如此，也并不排除所谓政策空转现象，即"尽管政策实施机关再生产了政策文本，但没有采取具体行动落实政策内容，实现政策目标"（李瑞昌，2012）。本章只是以省级新型城镇化规划文本为例，并仅就文本的部分内容进行了政策传递评估。新型城镇化规划目标是否能够实现，还需要各级政府采取有效的政策工具，将政策目标落实。

另外一个值得注意的问题是，缺乏清晰有力的愿景陈述内容是当前我国战略性规划中的通病，也是与国外发达国家的主要差距之一。对于战略性规划而言，更多地是作为多元利益主体达成共识的平台，在多元社会日益成熟的时代背景下，愿景陈述显得特别重要。央地规划文本同时缺乏愿景陈述要素，是我国战略性规划编制思路需要改变、编制质量需要提升的关键环节。

最后需要特别说明的是，本研究并没有专门评价文本质量和一致度的高低，并不反映文本质量，只是说明地方差异较大，而国家政策在执行过程中，存在差异是正常现象。至于其原因，还需要更多数据和相关研究方法才能进一步解析。此外，由于研究只是针对规划文本开展的研究工作，而且受客观条件所限，只涉及部分省级行政单位，因此影响了对评估结果的全面解读，如未能找出哪些影响因素造成地方与中央的差异以及各地之间的差异，但评估结果依然有助于我们认识这一重要的国家战略性规划的执行情况，特别是对于中央政策向省级的传递有了基本了解，同时验证了规划文本评估方法的有效性，为今后完善作为公共政策的空间规划体系建设提供了研究基础。

10 走向治理：规划管理制度改革建议

在中国城市规划制度形成的过程中，国家的社会经济体制变迁是重要的影响因素，正如著名的城市理论家刘易斯·芒福德所言："真正影响城市规划的是深刻的政治和经济的转变"（芒福德，2005）。随着 2018 年国务院机构调整方案出台，城乡规划体系面临重构，现在可谓已经到了真正转变的时刻。既然规划本身也是一种制度安排（张庭伟，2006），是与社会变迁密切相关的复杂过程（武廷海，2001），那么今后规划管理的改革建议，需要仔细思考和审视政治社会经济发展趋势，对新时代城乡发展的基本形势作出判断。根据制度变迁理论，今后规划管理体系制度创新的机制可以简单概括为两个方面，一是以规划转型与国家机构改革调整为背景的强制性制度变迁，二是以新时代的发展理念为背景的诱致性制度变迁，两者共同作用形成制度创新的机制（图 10-1）。

图 10-1 新时代规划管理制度创新的机制

在分析原有的城乡规划管理体系基础上，本章根据治理理论与规划管理的关系，提出制度建设方面的建议。新形势下的城镇化发展需要，对以往的政府治理方式提出挑战，如何改变是当前政府宏观管理迫切需要解决的理论与实践课题，为此，党的十八届三中全会提出国家治理体系和治理能力现代化的要求。新的政治社会经济发展形势为规划管理工作提出了新要求，规划管理的内涵和外延需要重新建构。

10.1 当前规划管理改革的宏观背景分析

我们的认识是随着社会经济的发展而不断变化的。中华人民共和国成立以来，人们逐渐认识到城镇化与社会经济发展水平之间的关系，对城镇化的认识逐渐成熟。20世纪 80 年代中期在确立了城市是我国经济、政治、科学技术、文化教育的中心后，城市迅速成为承担国民经济发展的主体力量。同时，人口增长的压力、资源短缺、城乡差距加大等社会现实，使城镇化最终在"十五"计划中成为国家现代化战略的选择，标志着对城市的认识进入了一个新的阶段。在快速发展了 40 年之后，我国即将迈入城镇化水平 60% 以上的城镇化发展高级阶段，那么接下来的城市发展要考虑哪些趋势呢？

　　首先是过去几十年的快速粗放式经济发展模式发生转变，即国家领导人以及诸多专家学者和媒体所称的"新常态"。在此宏观发展趋势下，经济社会发展的所有领域都会发生改变。快速城镇化的动力机制来自高速增长的经济，当经济增速降下来之后，城镇化的增速也必然下降，而转向对质量提高的要求。由此所带来规划的"新常态"，就是从"增量规划"转向"存量规划"。如果说在增量时代，规划更关注土地利用、空间形态等物质性要素，那么在存量时代，规划将更多面临多元利益主体的需求及其之间的博弈。同时，规划还要兼顾提升城市质量的任务。为什么这样说？这涉及一个关键点就是怎样理解"新常态"。总体而言，经济增长虽然放缓，但发展并不停滞。经济增长之所以放缓，由多方面原因造成，如全球经济形势、国内供需不平衡、劳动力红利下降、产业结构调整等。发展却是一个综合概念，不仅仅表现为经济增长，还包括社会发展，如收入差距缩小、公共产品能够更均等地提供、居民素质提高，甚至地方文化的继承与发扬等。所以说，规划新常态，是通过动员社会力量、促进公众参与、提供更均等化的公共服务等手段，改善城市生活和生产环境，从而达到促进产业结构转型、生态环境改善、城市充满活力、地方特色鲜明、城市综合竞争力提高、人民安居乐业的发展目标。

　　其次是国家治理能力现代化推动政府职能转变。按照西方发达国家公共管理的理论进展，伴随着社会经济的发展转型，政府职能会发生相应转变，呈现从"划桨"到"掌舵"再到"服务"的轨迹。西方的经验可以借鉴，但在中国国情下，不能简单套用。中国与西方有很大不同的一个基本前提是，政府在以前、当前以及今后很长一段时间内，都会在社会经济发展中扮演不可或缺的角色，改革依然需要政府的引导与推动。但与之前相比，政府的角色也须作出适应社会发展需要的改变。十八届三中全会指出，全面深化改革的总目标是"完善和发展中国特色社会主义制度，推进国家治理体系和治理能力现代化"，这是我国首次提出"国家治理"的概念。在这一过程中，不论是作为一项政府职能，还是政府调控空间资源的手段，抑或是政府对城市未来安排的意志体现，城市规划管理要为更加适应治理时代的需要而进行从理念到职能定位以至工作方式的转变。

　　此外，社会发展过程中的种种现实状况，也提出了必须改变的要求。例如，市民意识觉醒、维权事件越来越多、社会组织力量不断壮大、参与社会管理的意愿和能力不断提高等。如果说"钉子户"之类的个人力量微不足道，组织起来的群众力量不容忽视，已经有自组织的社区居民在邻避冲突事件中取得胜利的案例。与此同时，不论政府是否愿意，社会组织的成长及其在社会发展过程中不断发挥重要作用都是必然趋势，将成为政府和市场之外的推动社会经济发展的第三方力量。

这一现实，描绘出了各级政府在今后施政时所面对的多重目标境况，也是地方政府治理面临的难题和挑战。在上述形势的要求下，政府的规划管理职能需转变管理思路，建立面向新常态的规划管理目标，改革管理方式，适应新的发展要求。

10.2 从治理的视角认识规划管理

十八届三中全会让"治理"一词在中国再度流行。有公共管理学者解读，从管理到治理，最大的区别就在于主体由单中心向多中心转变，手段由刚性管制向柔性服务转变，目的由工具化向价值化转变（姜晓萍，2014）。那么规划管理如何实现从管理到治理的转变？首先要充分理解治理的含义，然后结合规划管理的特点，才能找到正确的出路。

10.2.1 理解"治理"的关键词：秩序与网络

"治理"一词（governance）的本意是统治、管理或者统治方法、管理方法，即统治者或者管理者通过公共权力的配置和运作，管理公共事务，以支配、影响和调控社会，同"government"一词并无本质差异（徐勇，1997）。全球治理委员会在1995年发表的名为《我们的全球伙伴关系》的研究报告中对治理进行了一个宽泛的界定，将集体和个人行为层面、政治决策的多种模式都包罗在内。委员会将治理定义为个人与公司机构管理及其自身事务的各种不同方式的总和，是使相互冲突或不同利益得以调和并且采取联合行动的持续过程。全球治理委员会同时指出治理有四个特征：第一，治理不是一整套规则条例，不是一种活动，而是一个过程；第二，治理过程的基础不是控制和支配，而是协调；第三，治理既涉及公共部门，也涉及私人部门；第四，治理不意味着一种正式制度，而是持续的互动（俞可平，2000）。随后，经过世界银行经济学家的推崇，"governance"一词被赋予了"善治"的内涵，意指一种良好的治理（good governance）（俞可平，2000）。总体而言，西方学者对治理概念强调如下几点：一是除政府外，社会组织等部门在治理中应发挥作用，倡导社会管理的多元化格局；二是强调"有限政府""责任政府"，重新定位政府角色和职能；三是在公共管理领域里，政府部门与私人部门、政府组织与社会组织共同构成相互依存的管理网络。政府与其他管理主体之间是一种相互依存，共同分享管理责任、管理权力、社会资源的"伙伴互动关系"，它的运作逻辑不是自上而下的强制协调，而是各主体之间平等的对话与协商（王海军，简小鹰，2015）。

追本溯源，治理研究的核心是秩序。最早的治理理论是政治学学者提出的层级治理（hierarchy），即大家把权力交给领导，大家互动时有公平的裁判者。后来，经济学之父亚当·斯密认为市场是一只看不见的手，在信息充分和个体理性的前提下，可以维持交易秩序，开启了市场治理（market）的思维。赫伯特·西蒙提出有限理性概念时，指出由于在所有社会交换或经济交换之中，都存在信息不完整、不对称的情况，从而导致机会主义行为和道德风险。如何在这样的现实中维持经济交易或社会交换的秩序，就是现代治理理论的核心。为回答这一问题，新制度主义的学者进行了不懈探索。其中，经济学者和管理学者都提出使用网络（network）（《社区营造及社区规划工作手册》写作小组，2019）。

20世纪90年代以来，国际社会面临的复杂社会现实，让各国政府重新认识治理的含义和价值。在实际工作中，逐渐排除了国家中心论，强调依靠合作网络的权威来行使管理（姚华平，2010）。治理的网络含义日益凸显，更有学者认为，治理就是一种网络（Klijn，2008）。

10.2.2 规划管理的治理目标是实现空间秩序

为什么规划管理要从城市治理的角度进行改革？规划管理与治理之间有何内在关系？

第一，治理研究的核心是秩序，这与规划管理的目标是一致的。第三版《城市规划原理》中对城市规划的定义就是"城市规划是人类为了在城市的发展中维持公共生活的空间秩序而作的未来空间安排的意志"（同济大学，2001）。城市规划自产生之日起，就是在建立一种新的空间秩序，以促进城市社会、经济运行的有序发展。

第二，治理的内涵之一是多元主体。虽然现有的规划管理制度是在规划管理部门内建立起来的，但不论是规划编制、颁发许可还是实际工作中的规划实施，都不是规划管理部门一家承担。以颁发许可为例来说，其本身属政府规划管理部门的职能，但在实际工作中涉及多个政府部门，如城建、文物、消防等，而且流程各地不一，可谓五花八门。实际的规划实施中则涉及更多不同性质的利益主体，如开发商、企事业单位、公众等。但目前的问题是，各个主体之间并没有形成合作，所以难以实现有效治理。

第三，实现善治的主要工具是公共政策，城市规划也是一种重要的公共政策。规划管理工作实质上关注的是跨行政区域、跨行业、跨部门的公共政策议题，也是一个典型的政策网络议题。其中的规划编制过程为此提供了合作与协商的平台，规划文本则是多元主体达成一致后规划执行的依据。

第四，多元主体的含义不仅包括平等的横向关系，也包括纵向的各级政府。中国未来发展目标的实现，同样离不开地方政府的支持。因此，在追求国家治理能力和治理体系现代化的过程中，地方各级政府也是规划管理权力的核心主体。而且，其作为一种地方事务，尤其应该发挥地方政府的主动性。由国家主持的大一统的、涵盖所有空间层次的规划体系，不可能满足地方现实而多样化的发展需要，也就很难实现规划目标。

总之，规划管理所处的社会环境更加复杂，具体表现在以下几方面：一是基于城市规划的综合性，在政府组织结构内部，规划管理要通过复杂的网络关系，使得规划得以有效制定与实施；二是面对日益复杂的社会经济发展问题，规划管理需要联合不同的社会力量，通力合作，找到解决途径；三是规划管理过程中还要应对日益壮大的社会多元利益主体的不同需求，而在应对过程中，通常需要政府内外形成网络关系，以化解可能出现的各种矛盾。所有这些城市发展过程中的现状与趋势，都对当今的规划管理体制提出挑战。

10.2.3　规划管理的治理工具是政策网络

中国城镇化水平在 2011 年首次超过 50%，进入快速城镇化阶段的后半期。曾有学者研究指出，虽然根据诺瑟姆（Northam）的经典城镇化过程 S 曲线，城镇化水平为 30% ～ 70% 时统称为中期加速发展阶段，但城镇化水平在 50% 之前和 50% 之后实际上还存在差别（陈彦光，周一星，2005）。中国在城镇化的前半期已经积累下若干问题，如果在后半期不从国家治理方式上作出改变，很可能导致社会经济发展的不可持续。党的十八大召开后，"新型城镇化"被认为是中国未来发展的新的着力点。提出新型城镇化的原因是很明确的，那就是对以往城镇化路径的反思。城镇化是衡量一个国家社会经济发展水平的综合指标，影响城镇化的因素有很多，从国家治理角度看，伴随着中国的社会经济转型，应对新型城镇化的策略应是政府、市场与社会力量多方合作的结果。因此，政策网络将为下一阶段的制度创新提供新思路，为相应的大部制改革、"三规合一"等现实问题提供了理论基础和实施路径。不论是城市规划，还是国土空间规划，其编制与实施过程都应该是针对特定问题而形成的政策网络，其中涵盖与议题相关的各个主体。

　　早在 1973 年，就有美国学者对作为公共政策的城市规划所面临的困境提出了至今依然有启示价值的洞见，称其为棘手问题（wicked problem），因为当目标形成、问题界定等规划决策与社会公平等议题相遇时，规划专业自身体系存在先天性的缺陷，无法从根本上解决（Rittel，Webber，1973）。正是由于存在诸多棘手问题，不能依靠某一个组织独立承担，公共管理的学者和实践者才需要特别重视网络（O'Toole，1997）。对网络的重视，是现代社会不断增加的复杂性特征所导致的（Sandström，Carlsson，2008）。20 世纪 70 年代以来，随着人类面临的社会问题、公共问题日趋复杂和多元化，人们发现采取市场化或者科层制的社会协调机制都不足以应对。在治理理论兴起之后，尽管对治理的含义有很多解释，但其核心意义是通过提升利益相关行动主体间的合作实现解决社会问题的目的，其基本特征是多元利益主体基于共同的沟通平台参与政策决策并达成共识（Ansell，Gash，2007）。这一理论对于重新认识城市规划的定位具有重要启示。从规划管理工作的主要特点以及当前面临的发展形势来看，就是典型的合作治理方式。

　　总之，治理视角下规划管理的内涵可以用两个概念概括——空间秩序与政策网络。更进一步而言，基于对治理概念的认识，从国家治理体系与治理能力角度，不论是国土空间规划还是城市规划，都是国家治理能力的表现，为顺应国家治理能力现代化的要求，应建立与之相适应的规划管理体系。既然治理的核心目标是创造秩序，那么城市规划管理体系的目标就是创造保障城市正常运行与可持续发展的空间秩序。其中城市规划是多元利益主体参与城市发展决策并在其中进行利益调整、整合和博弈的过程，与之相伴的规划管理工作则是这一过程中保证其目标实现的一系列政策网络。

10.3　规划管理制度的改革建议

　　城市规划在社会发展的不同历史时期具有不同的内涵（李东泉，李慧，2008）。在上述认识的基础上，接下来从制度设计的基本原则、规划编制、规划实施等方面提出改革建议。

10.3.1　体现中央与地方之间合理分权的制度设计

　　中国改革开放以来取得的发展成就，从制度角度看，得益于中国独特的"政治集权下的地方经济分权制"（许成钢，2008）。就应对未来发展挑战来说，国家治理体系中多元主体的含义不仅是横向的府际关系以及政府与市场和社会的关系，也包括纵向的央地关系。在中国城市规划管理体系形成发展历程中，也经历了一个由中央主导到向地方分权，以及再度加强中央管理的过程。央地关系的变动同样是制度结构变迁的表现。

就国际经验来说，央地关系也是随着社会经济发展的变化而不断调整的。以日本为例，在推动经济高速发展的要求下，中央集权和行政主导成为日本二战后现代国家制度建设的主旋律和基调。日本的城市规划以国家和区域性规划为主，开发控制以大型公共项目的实施保障为主，地方政府缺乏应有的规划管理自治权限。但这一局面在20世纪末发生了根本性改变。1999年，日本颁布《地方分权法》，城市规划作为地方政府的工作，基本脱离了中央政府主导的管理路线，被视为日本行政体制继明治维新、二战后改革之后的第三次重大改革和调整（王郁，2009）。

在新的发展形势下，规划管理的制度创新，同样首要从央地关系角度进行思考。不论是国家发展规划体系还是国土空间规划体系，国家发展目标都需要各级地方政府承担落实责任。就城市规划管理来说，由于各项工作的开展都在特定的行政辖区范围内，因此其管理主体应以各级直辖市、地级市、县级市及县驻地政府为主体。因此，从央地分权视角来看，国家对于城市规划管理工作内容，应侧重倡导性、指导性和规范性等工作。

倡导性工作体现价值理性，将符合国际发展趋势、满足国家发展要求的规划理念、方法和技术及时传达给地方，并采取相应的措施，引导、鼓励地方实施。

指导性工作体现技术理性，对地方正在开展的符合国家和地方发展需要的规划实践工作给予技术指导和政策建议，并及时总结、提升和推广。

规范性工作体现法治精神，明确规定地方规划实践中涉及公共利益、公共安全的工作内容和工作程序，规范城市建设与发展中各利益主体的行为，并监督地方的执行。

10.3.2 地方政府的角色从"舞龙头"转变为"搭平台"

中国语境下的合作治理虽然依然由政府主导，但为了实现治理目标，规划过程中政府的角色应该从"舞龙头"转变为"搭平台"。

早在1986年城乡建设环境保护部、国家计划委员会联合发布的《关于加强城市规划工作的几点意见》（1986年6月6日）中就明确指出"城市规划是城市建设的龙头"。在当时的时代背景下，政府是城市建设的主体，无疑也是"舞龙头"的人。但随着改革开放的深入和市场经济体制的实行，规划管理涉及的利益主体不断增多，导致"舞龙头"的人越来越多，不仅影响规划作为政府重要公共政策的核心价值观的表达，也导致规划实施过程出现偏差。

"搭平台"则意味着各级地方政府在面对由多元利益主体所导致的日益复杂的城市发展问题时，须走合作治理的道路，不论是规划编制还是规划实施，都不应由政府单方面决定。因此，各级地方政府的规划主管部门，更多地是为城市规划这一政府的重要公共政策的制定和实施搭建平台，让城市发展决策成为政策网络，通过各个利益主体的沟通、协商和合作，实现城市发展目标。同时作为这一政策网络中的核心利益主体，各级地方政府要确保网络的开放性与网络主体的异质性，以保证规划过程及时反映各方诉求。

10.3.3　地方政府规划管理部门是规划决策与实施网络之间的中介

治理就是许多主体和组织混合而成的网络的运作，治理的关键任务就是有效地管理网络（胡税根，2014）。所以，除了搭建平台，政府规划管理部门还要努力做好规划决策与实施过程中所构建的不同网络之间的中介，在规划决策和实施之间，发挥关键性的沟通和协调作用。

在搭建决策和实施平台的过程中，由于都涉及多元管理主体，其中至少包括两种类型的网络：一个是日常性的涉及规划管理相关政府部门的府际网络，另一个是涉及具体规划项目编制与实施的议题网络。不论是府际网络还是议题网络，在现实中，都会因为规划内容的不同而形成多个网络。这里最关键的是不同网络之间的沟通，能够发挥这一作用的节点或者说行动主体不一定是网络的中心，而是同时跨越不同网络的中介（图10-2）。在社会网络分析中，扮演网络中介角色的行动者通常拥有更多不同的信息，因此可以产生更大的网络影响力。规划管理部门作为网络中介是最合适的角色定位，既体现规划权力，又能够保障城市规划目标充分体现在规划编制和实施中。

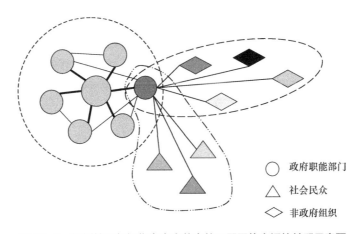

图例：
- ○　政府职能部门
- △　社会民众
- ◇　非政府组织

图10-2　规划管理部门作为中介节点的不同网络之间的关系示意图

规划管理的作用对象——城市，是一个由多元空间、多元关系网络组成的以人为参与主体的多要素复合空间。因此，城市规划的编制与实施是一个多方参与的复杂过程，每一个参与主体的行为都会影响到城市规划的最终实效。规划管理体制的改革，单纯的技术理性不能从根本上解决问题，府际关系调整、政府向社会分权、深化城乡规划公众参与制度、构建政府间规范的博弈机制，是深化城乡规划管理体制改革的内在要求。因此，要从网络的视角将政府从规划管理的单一主体转变为规划编制与实施过程中的协调人。

10.3.4　规划编制是多元利益主体表达不同诉求并达成共识的过程

为服务于从管理到治理的角色转变，作为政府重要公共政策的城市规划，应当实现从"城市发展与建设的依据"到"城市治理工具"的转变。这一转变意味着重视规划过程更甚于结果，规划过程实质上就是各多元利益主体参与城市发展决策并在其中进行利益调整、整合和博弈的过程。

规划管理体制改革所涉及的管理主体，不仅指规划实施主体，还包括规划编制主体。实际上，规划实施中出现问题，在一定程度上是由于规划编制过程存在问题。在多元利益主体的现实环境中，如果在规划编制阶段不能让相关利益主体充分表达诉求并达成共识的话，是很难保证规划顺利得到实施的。

我国原有的城市规划编制体系中，对于城市建成区来说，主要包括城市总体规划、控制性详细规划和修建性详细规划，不同规划类型的规划范围、规划目标和规划内容不同。城市总体规划更多体现政府所代表的公共利益及其对未来城市空间安排意志的表达，应增加战略性内容，减少过多专业技术性内容，特别应突出城市发展愿景陈述部分，通过这一部分内容谋求多元主体对城市未来发展的诉求表达。在新的国土空间规划体系中，这一层次的空间规划也应如此。修建性详细规划作为项目建设的前置条件更多地反映社会民众与市场的具体需求，是微观层面某个地块相关利益主体协商的平台，比如新的建设项目是否影响周围居民的阳光权、是否有邻避效应等。目前修建性详细规划通过环评、公示等方式，较好地解决了各利益主体之间的矛盾冲突。处于二者之间的控制性详细规划，承上启下，既代表政府对城市开发建设活动的引导与控制，是政府管理城市的重要技术依据，也是表达各利益主体诉求并达成共识的一种技术手段，特别是在规划管理主体已经多元化的现实条件下，控制性详细规划则更直接涉及具体利益的调整和分配。当前控制性详细规划由于技术性过强，编制过程还没有充分适应多元利益主体的现实要求，还有较大的改革空间。

10.3.5 规划实施管理需要重塑的三大关系

城乡发展与建设离不开城市规划，规划对城市发展的作用主要通过实施实现，而对城乡发展实施科学的规划管理是城市政府的主要职能。实践告诉我们，一个城市的开发或改造的成效如何，在很大程度上取决于管理部门的组织（同济大学，2001）。在国家治理能力现代化的发展趋势和规划作为治理工具的定位要求下，规划管理改革面临的挑战可归结为三大关系的重塑：一是基于城市规划的综合性，在政府组织内部，要通过重新梳理工作流程，使规划管理机制有效运行；二是面对日益复杂的社会经济发展问题，政府规划管理部门需要联合其他相关政府部门和社会力量，通过形成高效的协作机制，实现规划目标；三是规划管理过程中还要应对日益壮大的社会多元利益主体的不同需求，而在应对过程中，通常需要政府内外形成良好的互动关系，以化解可能出现的各种矛盾。

（1）建立清晰的组织内部运行机制

在计划经济体制影响下，我国城市规划管理形成了"条块结合、以块为主"的组织结构。规划管理组织内部的业务部门，通常按照规划编制与审批管理、规划实施管理和规划实施监督管理三部分内容进行组织架构。其中规划实施管理依赖"一书两证"制度进行管理流程架构，因此又细分为项目选址、建设用地规划审批和建设工程规划审批三项工作流程。但随着改革的深入和快速城镇化进程带来的诸多现实问题，这一形成于20世纪90年代初期、带有较强计划经济色彩的规划管理制度早已面临极大挑战，并随着规划管理职能的调整，已经开始了新的改革探索。应根据城市发展与建设的实际需要，确立规划管理制度的核心内容，重新审视规划管理流程，发挥规划管理工作在新时代的定位，提升政府对城市空间秩序的治理能力。

（2）建立有效的组织间协调机制

狭义的规划管理是政府的一项行政管理工作，也是一项比较特殊的工作，兼具专业性与综合性。由于城市规划涉及城市发展和建设的方方面面，因此，在规划管理工作的各个层面、各个阶段，都存在着如何与相关部门协同工作的问题。为此，需要政府规划管理部门发挥网络中介的作用，根据工作需要，确定规划管理政策网络中的各个节点及相互关系，建立有效的横向组织间协调机制。

根据规划管理工作的特征，组织间协调机制包括纵向和横向两方面。其中同级政府部门之间的横向协调机制，可分别采取"线上线下"两种方式展开。线下方式是指建立主管市长领导下的规划管理相关部门之间的协调会制度，就城市发展与建设中的重大议题和矛盾比较突出的议题展开协调；线上方式是指充分利用信息技术，建立多部门共享数据库以及信息技术管理平台。日常审批工作中遇到需要其他政府部门协调的事项，可以通过该平台予以解决。

不同管理层级之间需要建立纵向联动机制。横向府际网络的一个可能的潜在危机是权力通过网络被分散。为此，政府各级规划管理部门应结合规划编制体系和具体的规划管理工作内容，在各级行政辖区范围内，明确事权，建立市、区和街道乡镇主管部门责权分明、有效合作的三级联动机制。

（3）建立常态化的组织与社会间的反馈机制

在多元利益主体的环境下，城市规划决策越来越多地受到社会公众的关注，包括个人、群体、社区、非政府组织等。面对不断增加的相关利益主体，政府规划管理部门应建立与外部环境之间的反馈机制，可以进一步划分为对外部环境中的一般性、常规性问题的反馈机制，以及对非常规性的规划管理问题（突发事件、重大社会问题等）的反馈机制（图10-3）。反馈机制的形成需要加强两方面的工作内容，一是通过加强宣传工作，对公众进行规划知识的普及，二是通过多种方式，包括信息公开、鼓励公众参与、建立社区规划师制度等方式，形成政府与公众之间的良好互动关系。目前新的媒体手段如微信、手机 APP 等，都是可以利用的沟通手段。

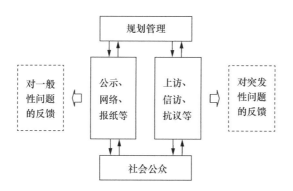

图 10-3　规划管理反馈机制的构成示意图

10.4　专业教育的拓展

新时代的大背景下，政府的规划管理职能除了组织编制与实施规划，更重要的是在城市建设和发展过程中，协调政府与其他组织、单位和个人之间的关系。这样的角色定位要求专业人才的知识结构与规划编制导向的传统建筑学或地理学基础的规划教育有较大差别，而公共管理学恰恰可以给予补充。

公共管理学中的基本理论如有限政府理论、服务型政府理论、新公共管理理论、城市治理理论等，界定了政府在新的社会经济发展形势下所应该扮演的角色，有助于在实际工作中实现规划管理工作的正确定位。在公共管理的基本使命里，其在提供公共产品和公共服务、纠正外部效应的不良影响、维护社会公平正义、推动社会发展和进步等方面的研究，为回答何为城市规划所代表的公共利益提供了理论依据。公共管理学的相关理论，则为深入解释政府的规划管理行为提供理论支持（李东泉，2016）。比如，管理学领域提出比较完整系统的管理理论的英国人厄威克（Lyndall Urwick）认为，管理过程是由计划、组织和控制三个主要职能构成的。行为学派则在古典组织理论的基础上发现，除了"正式组织"之外，企业中实际存在着一种"非正式组织"，对工人的行为影响很大（周三多等，2009）。这些认识对于理解城市规划管理部门的运行、规划的实施机制等都能带来有实际指导意义的启示。

在英美等国家因为更加重视规划的可实施性，因此规划教育都关注管理和行政的问题（郭彦弘，1984），正如国内最早一篇讨论行政管理与城市规划的文章中，作者根据西方发达国家的经验所指出的：规划师明白了管理及行政的作用以及管理技术在规划过程中的应用后，规划方案实现的可能性无疑会提高，至于管理及行政对城市规划贡献的大小，则决定于规划师本身对管理及行政知识的掌握程度（方国荣，1984）。可见，公共管理学的教育对学生毕业后从事规划实施管理领域的实践工作具有独特优势。

总之，社会转型需要多元化的专业队伍，而非一人兼具全面的知识结构，因此应开展不同学科基础的专业教育，培养与社会需要和学科发展相匹配的人才。之所以早在21世纪初就提出城市规划是公共政策的认识，而实践中难以执行到位，城市规划管理实践还在既有的路径上徘徊，在很大程度上是因为主要从业人员运用的是传统理工科的思维方式和这种思维指导下的技术。所以，当务之急，还是要从专业教育上寻找改革的出路。多元化的人才培养显然不可能再由某一类院校提供，而是要由不同类型、不同学科背景的院校共同承担。要打破专业壁垒，鼓励人文社会科学的本科毕业生接受城市规划专业教育，补充到专业人才体系中。同时，政府规划管理部门也应该招收多学科的人才和工作人员。

10.5 小结

本章在分析了新时代国家社会经济和政治体制变革的趋势下，对今后的制度改革提出了一些建议，特别针对国家治理体系和治理能力现代化的目标，提出规划管理的应对。不论今后采取哪些具体措施，可以确定的是，2018年之后都是我国城市规划管理体系面临的一次新的制度环境变化，根据制度与组织的关系，国家层面的机构设置已经到位，各级地方政府的相应调整也已经渐次展开。接下来组织结构以及组织行为必然有相应的重大变革。这是一次新的制度建设的开端。但同时应该清醒地认识到，制度的形成是一个不断发生、发展、完善的历史过程，制度化是整个社会生活规范化、有序化的变迁过程。因此，制度建设并非一朝一夕就能完成，适合现实中城市发展建设乃至国家社会经济发展需要的规则不是特定时期内设计出来的，而是基于人们的长期价值判断、社会的长期发展而形成的。今后的规划管理制度建设，也需要顺应时代发展的趋势和方向。此外，任何一项制度安排的效率，不仅取决于自身的功能和作用，还会受其他制度安排的影响。因为"只有相互一致和相互支持的制度安排才富有生命力和可维系的，否则，精心设计的制度很可能高度不稳定"（青木昌彦，2000）。从治理体系中的参与主体来讲，应充分认识到制度建设并非政府单方面的行为，因为制度变迁的实质是利益格局的调整，只有尽量通过诱致性变迁的方式，以利益调动社会各方面自发参与的积极性，才能不断提升治理能力，达到事半功倍的效果。

参 考 文 献

［1］ANDERSON W. . Intergovernmental relations in review［M］. Minneapolis：University of Minnesota Press，1960.

［2］ANDREW S. . Regional integration through contracting networks［J］. Urban Affairs Review，2009，44（3）：378-402.

［3］BERKE P. R.，GODSCHALK D. R.，KAISER E. J. . Urban land use planning（5th ed.）［M］. Urbana，IL：University of Illinois Press，2006.

［4］BERKE P. R.，GODSCHALK D. R. . Searching for the good plan：A meta-analysis of plan quality studies［J］. Journal of Planning Literature，2009，23（3）：227-240.

［5］BOWEL R.，BALL S. J.，ANNE G. . Reforming education and changing schools：Case studies in policy sociology［M］. London：Routledge，1992.

［6］ANSELL C.，GASH A. . Collaborative governance in theory and practice［J］. Journal of Public Administration Research and Theory，2007（18）：543 - 571.

［7］LEE，In-W.，LEE，Y.，FEIOCK，R. C. . Competitors and cooperators：A micro-level analysis of regional economic development collaboration networks［J］. Public Administration Review，2012，72（2）：253-262.

［8］KLIJN，Erik-Hans. Governance and governance networks in Europe-An assessment of ten years of research on the theme［J］. Public Management Review. 2008，10（4）：205-525.

［9］LI D.，LAN Z.，WEI D. . A social network analysis on organizational innovation and its effects：A case study on the practice of Changzhou Municipal Bureau of Urban Planning，Xinbei Branch［J］. China City Planning Review，2017（4）：57-63.

［10］LI C.，SONG Y. Government response to climate change in China：a study of provincial and municipal plans［J］. Journal Of Environmental Planning And Management，2015（9）：1-32.

［11］MILWARD H. B.，PROVAN K. G.. Measuring network structure［J］. Public Administration，1998，76（2）：387-407.

［12］MITCHELL R.，AGLE B.，WOOD D. . Towards a theory of stakeholder identification and salience：Defining the principle of who and what really counts［J］. Academy of Management Review，1997，22（4）：853–886.

［13］O'TOOLE L. J. . Treating networks seriously：Practical and research-based agendas in public administration［J］. Public Administration Review，1997，57（1）：45–52.

［14］POWELL W. W.. Neither market nor hierarchy：Network forms of organization［M］// B. M. Staw，L. L. Cummings. Research in organizational behavior. Greenwich，CT：JAI Press，1990.

［15］RITTEL H. W. J.，MELVIN M. W. . Dilemmas in a general theory of planning［J］. Policy Sciences，1973（4）：155–169.

［16］SANDSTRöM A.，CARLSSON L .. The performance of policy networks：The relation between network structure and network performance［J］. The Policy Studies Journal，2008，36（4）：497–524.

［17］WILDAVSKY A.. If planning is everything，maybe it's nothing［J］. Policy Sciences，1973（4）：127–153.

［18］GREED C. . Introducing planning［M］. New Jersey：The Athlone Press，2000.

［19］W·理查德·斯科特，杰拉尔德·F·戴维斯 . 组织理论——理性、自然与开放系统的视角［M］. 高俊山译 . 北京：中国人民大学出版社，2011.

［20］大卫·伊斯利，乔恩·克莱因伯格 . 网络、群体与市场——揭示高度互联世界的行为原理与效应机制［M］. 李晓明等译 . 北京：清华大学出版社，2011.

［21］道格拉斯·C·诺思 . 制度、制度变迁与经济绩效［M］. 杭行译 . 上海：格致出版社，上海人民出版社，2008.

［22］亨利·明茨伯格 . 明茨伯格论管理［M］. 闫佳译 . 北京：机械工业出版社，2007.

［23］理查·D·宾厄姆等 . 美国地方政府的管理：实践中的公共行政［M］. 九州译 . 北京大学出版社，1997.

［24］理查德·L. 达夫特 . 组织理论与设计（第9版）［M］. 王凤彬等译 . 北京：清华大学出版社，2008.

［25］刘易斯·芒福德 . 城市发展史［M］. 宋俊岭，倪文彦译 . 北京：中国建筑工业出版社，2005.

［26］罗伯特·K·殷 . 案例研究：设计与方法［M］. 周海涛等译 . 重庆大学出版社，2004.

［27］罗布·克罗斯，安德鲁·帕克 . 人际网络的潜在力量——工作在组织中究竟是怎样完成的［M］. 刘尔铎，杨小庄译 . 北京：商务印书馆，2007.

［28］马汀·奇达夫，蔡文彬.社会网络与组织［M］.王凤彬，朱超威等译.中国人民大学出版社，2007.

［29］曼纽尔·卡斯特.网络社会的崛起［M］.夏铸九，王志宏等译.北京：社会科学文献出版社，2003.

［30］尼古拉斯·亨利.公共行政学［M］.项龙译.北京：华夏出版社，2002.

［31］青木昌彦.什么是制度？我们如何理解制度［J］.经济社会体制比较，2000（6）：28-38.

［32］斯蒂芬·P·罗宾斯，蒂莫西·A·贾奇.组织行为学（第12版）［M］.李原，孙健敏译.北京：中国人民大学出版社，2008.

［33］约翰·斯科特.社会网络分析（第2版）［M］.刘军译.重庆：重庆大学出版社，2007.

［34］"城乡规划"教材选编小组.城乡规划（上册）［M］.北京：中国工业出版社，1961.

［35］《社区营造及社区规划工作手册》写作小组.社区营造及社区规划工作手册［M］.北京：清华大学出版社，2019.

［36］蔡晶晶，李德国.政策网络中的政府治理［J］.理论探讨，2005（4）：122-125.

［37］蔡新燕，赵晖.政策网络：公共政策创新的视角［J］.云南行政学院学报，2009（3）：76-79.

［38］蔡英辉，胡晓芳.法政时代的中国"斜向府际关系"探究——建构中央部委与地方政府之多元行政主体间关系［J］.理论导刊，2008（3）：25-27+31.

［39］蔡云楠.新时期城市四种主要规划协调统筹的思考与探索［J］.规划师，2009（1）：22-25.

［40］曹洪涛.与城市规划结缘的年月［M］//中国城市规划学会.五十年回眸——新中国的城市规划［M］.北京：商务印书馆，1999：33-42.

［41］曹恒德.论城乡规划管理体制变革的逻辑起点［J］.规划师，2009（7）：82-85.

［42］曾忠禄，马尔丹.文本分析方法在竞争情报中的运用［J］.情报理论与实践，2011（8）：47-50.

［43］陈秉钊.中国的城市规划与城市规划教育［J］.城市规划汇刊，1994（4）：8-11.

［44］陈嘉文，姚小涛.组织与制度的共同演化：组织制度理论研究的脉络剖析及问题初探［J］.管理评论，2015，27（5）：135-144.

［45］陈晶，张磊.城乡结合部农村居民点演变机制与案例分析——新制度主义视角的研究［J］.城市发展研究，2014（9）：18-23.

［46］陈双，贺文.城市规划概论［M］.北京：科学出版社，2006.

［47］陈晓丽.社会主义市场经济体条件下城市规划工作框架研究［M］.北京：中国建筑工业出版社，2007.

［48］陈彦光，周一星.城市化 Logistic 过程的阶段划分及其空间解释——对 Northam 曲线的修正与发展［J］.经济地理，2005（6）：817–822.

［49］董家齐.公共管理视角下城乡规划实施"执行阻滞"问题研究［D］.华中科技大学，2010.

［50］方国荣.行政管理学与城市规划［J］.城市规划研究，1984（2）：20–24.

［51］方振邦.管理学基础［M］.北京：中国人民大学出版社，2008.

［52］封丽霞.集权与分权：变动中的历史经验——以新中国成立以来的中央与地方关系处理为例［J］.学术研究，2011（4）：35–39.

［53］葛本中.北京经济职能与经济结构的演变及其原因探讨（上）［J］.北京规划建设，1996（3）：50–52.

［54］郭彦弘.城市规划教育的几个问题［J］.城市规划研究，1984（2）：5–8.

［55］韩志荣.对我国规划管理"一书两证"制度实施中有关问题的思考［N/OL］.中国建设报，2002–08–05. http：//www. chinajsb. cn/gb/content/2003–09/26/content_ 25049. htm

［56］侯赟慧，刘志彪，岳中刚.长三角区域经济一体化进程的社会网络分析［J］.中国软科学，2009（12）：90–99.

［57］侯丽.南京大学城市规划专业教育的发展与转型——崔功豪教授访谈［J］.城市规划学刊，2013（2）.

［58］侯丽.美国规划教育发展历程回顾及对中国规划教育的思考［J］.城市规划学刊，2012（6）：105–111.

［59］胡税根.公共管理学［M］.北京：中国社会科学出版社，2014.

［60］胡伟，石凯.理解公共政策："政策网络"的途径［J］.上海交通大学学报（哲学社会科学版），2006（4）：18–24.

［61］黄光宇，龙彬.改革城市规划教育 适应新时代的要求［J］.城市规划，2000（5）：39–43.

［62］黄晓斌，成波.网络内容分析法在竞争情报研究中的应用［J］.图书情报工作，2007（4）：34–37+123.

［63］黄叶君.体制改革与规划整合——对国内"三规合一"的观察与思考［J］.现代城市研究，2012（2）：10–14.

［64］建设部 . 城市规划基本术语标准（GB/T 50280—98）, 1998.

［65］姜晓萍 . 政府流程再造的基础理论与现实意义［J］. 中国行政管理，2006（5）: 37–41.

［66］姜晓萍 . 国家治理现代化进程中的社会治理体制创新［J］. 中国行政管理，2014（2）: 24–28.

［67］蒋峻涛 . 规划为什么有时不好用——削弱城市规划实效的原因分析［J］. 规划师，2007（1）: 5–8.

［68］金淑霞，王利平 . 组织中次级单位权力配置格局: 一个整合模型［J］. 南京社会科学，2012（1）: 33–39.

［69］李百浩 . 欧美近代城市规划的重新研究［J］. 城市规划汇刊，1995（2）: 41–46.

［70］李东泉 . 从公共政策视角看 1960 年代以来西方规划理论的演进［J］. 城市发展研究，2013（6）: 36–42.

［71］李东泉 . 公共管理学院开展规划教育的发展思路［J］. 规划师，2016（1）: 135–140.

［72］李东泉，韩光辉 . 对 1949—2004 年北京城市规划与城市发展的整体考察［J］. 北京社会科学，2013（5）: 144–151.

［73］李东泉，黄崑，蓝志勇 . 社会网络分析方法在规划管理研究中的应用前景［J］. 国际城市规划，2011（3）: 87–91.

［74］李东泉，蓝志勇 . 论公共政策导向的城市规划与管理［J］. 中国行政管理，2009（5）: 36–39.

［75］李东泉，黎唯 . 省级新型城镇化规划文本传递中的流变分析［J］. 规划师，2017（9）: 85–91.

［76］李东泉，李慧 . 基于公共政策理念的城市规划制度建设［J］. 城市发展研究，2008（4）: 94–68.

［77］李东泉，李靖 . 从"阿苏卫事件"到《北京市生活垃圾管理条例》出台的政策过程分析: 基于政策网络的视角［J］. 国际城市规划，2014（1）: 30–35.

［78］李东泉，周一星 . 从近代青岛城市规划的发展论中国现代城市规划思想形成的历史基础［J］. 城市规划学刊，2005（4）: 45–52.

［79］李东泉 . 地方政府规划管理组织间关系——基于政府门户网站友情链接的社会网络分析［J］. 城市发展研究，2016（3）: 30–37+2.

［80］李东泉 . 地方政府在"三规"制度环境下的创新努力及其启示［J］. 规划师，2014（9）: 109–113.

［81］李东泉等．从政策过程视角论新时期我国城乡规划管理体系的构成［J］．城市发展研究，2011（2）1-6.

［82］李戈．地方政府利性引起的公共政策执行偏差问题研究［D］．华东师范大学，2009.

［83］李浩．中国规划机构70年演变——兼论国家空间规划体系［M］．北京：中国建筑工业出版社，2019.

［84］李军杰，钟君．中国地方政府经济行为分析——基于公共选择视角［J］．中国工业经济，2004（4）：27-34.

［85］李瑞昌．政策网络：经验事实还是理论创新［J］．中共浙江省委党校学报，2004（1）：22-27.

［86］李瑞昌．中国公共政策实施中的"政策空传"现象研究［J］．公共行政评论，2012（3）：59-85+180.

［87］李芝兰．跨越零和：思考当代中国的中央地方关系［J］．华中师范大学学报（人文社会科学版），2004（6）：117-124.

［88］林聚任．社会网络分析：理论、方法与应用［M］．北京：北京师范大学出版社，2009.

［89］林尚立．国内政府间关系［M］．浙江：浙江人民出版社，1998.

［90］刘宏燕等．西方规划理论新思潮与社会公平［J］．城市问题，2005（6）：90-94.

［91］刘军．译者前言［M］//约翰·斯科特．社会网络分析（第2版）．刘军译．重庆：重庆大学出版社，2007.

［92］刘军．整体网络分析讲义［M］．上海：格致出版社，2009.

［93］麻宝斌，仇赟．大部制前景下中国中央政府部门间行政协调机制研究［J］．云南行政学院学报，2009（3）：51-54.

［94］裴雷，马费成．社会网络分析在情报学中的应用和发展［J］．图书馆论坛，2006，26（6）：40-45.

［95］钱征寒，牛慧恩．社区规划——理论、实践及其在我国的推广建议［J］．城市规划学刊，2007（4）：74-78.

［96］乔小明．大部制改革中政府部门间协调机制的研究［J］．云南师范大学学报，2010，30（4）：73-78.

［97］仇保兴．19世纪以来西方城市规划理论演变的六次转折［J］．规划师，2003（11）：5-10.

［98］邱均平，王日芬等．文献计量内容分析法［M］．北京：国家图书馆出版社，2008.

［99］全国城市规划执业制度管理委员会. 城市规划管理与法规［M］. 北京：中国计划出版社，2002.

［100］全国城市规划执业制度管理委员会. 城市规划管理与法规［M］. 北京：中国计划出版社，2011.

［101］任勇. 地方政府竞争：中国府际关系中的新趋势［J］. 人文杂志，2005（5）：50-56.

［102］石凯，胡伟. 政策网络理论：政策过程的新范式［J］. 国外社会科学，2006（3）：28-35.

［103］施源，周丽亚. 对规划评估的理念、方法与框架的初步探讨——以深圳近期建设规划实践为例［J］. 城市规划，2008（6）：39-43.

［104］宋彦，陈燕萍. 城市规划评估指引［M］. 北京：中国建筑出版社，2012.

［105］孙施文. 近代上海城市规划史论［J］. 城市规划汇刊，1995（2）：1-17+22.

［106］孙施文. 中国城市规划的发展［J］. 城市规划汇刊，1999（5）：1-8.

［107］孙施文，殷悦. 基于《城乡规划法》的公众参与制度［J］. 规划师，2007（5）：11-14.

［108］唐静，耿慧志. 基于委托—代理视角的大城市规划管理体制改进［J］. 城市规划，2015（6）：51-58.

［109］李德华. 城市规划原理［M］. 北京：中国建筑工业出版社，2001.

［110］王春福. 政策网络与公共政策效力的实现机制［J］. 管理世界，2006（9）：137-138.

［111］王春福. 政府执行力提升的内在机制——基于政策网络视角的分析行为［J］. 江西行政学院学报，2007（3）：8-9.

［112］王春福. 政府执行力与政策网络的运行机制［J］. 政治学研究，2008（3）：82-89.

［113］王海军，简小鹰. 国家与社会互动：现代社会组织体制的构建及实证研究——以北京社会组织建设管理为例［J］. 中国农业大学学报（社会科学版），2015（8）：84-92.

［114］王俊，何正国. "三规合一"基础地理信息平台研究与实践——以云浮市"三规合一"地理信息平台建设为例［J］. 城市规划，2011（1）：74-78.

［115］王凯. 我国城市规划五十年指导思想的变迁及影响［J］. 规划师，1999（4）：23-26.

［116］王亚男，史育龙. 从计划的延续到积极的综合调控——论新时期城乡规划在城

乡发展和建设中的作用［J］.城市发展研究，2005（6）：58-63.

［117］王勇.论"两规"冲突的体制根源——兼论地方政府"圈地"的内在逻辑［J］.
城市规划，2009，33（10）：53-59.

［118］王郁.国际视野下的城市规划管理制度——基于治理理论的比较研究［M］.北
京：中国建筑工业出版社，2009.

［119］汪光焘.科学修编城市总体规划，促进城市健康持续发展——在全国城市总体
规划修编工作会议上的讲话［J］.城市规划，2005（2）：9-14.

［120］汪明峰.浮现中的网络城市的网络——互联网对全球城市体系的影响［J］.城市
规划，2004，28（8）：26-32.

［121］汪明峰，高丰.网络的空间逻辑：解释信息时代的世界城市体系变动［J］.国际
城市规划，2007，22（2）：36-41.

［122］魏广君，董伟，孙辉."多规整合"研究进展与评述［J］.城市规划学刊，2012
（1）：76-81.

［123］魏治勋.中央与地方关系的悖论与制度性重构［J］.北京行政学院学报，2011
（4）：22-27.

［124］吴志强，于泓.城市规划学科的发展方向［J］.城市规划学刊，2005（6）：2-10.

［125］武廷海.探寻城市地区规划的——从"程序性规划"到"规划过程"新范式［J］.
城市规划，2001，25（6）：14-19.

［126］夏铸九.信息化社会与认同的运动［M］//曼纽尔·卡斯特.网络社会的崛起.
夏铸九，王志宏等译.北京：社会科学文献出版社，2003：1-14.

［127］谢庆奎.中国政府的府际关系研究［J］.北京大学学报，2000（1）：26.

［128］许成钢.政治集权下的地方经济分权与中国改革［M］//青木昌彦，吴敬琏.
从威权到民主——可持续发展的政治经济学.北京：中信出版社，2008：185-
203.

［129］徐勇.GOVERNANCE：治理的阐释［J］.政治学研究，1997（1）：63-67.

［130］许学强.动员更多的学科从事城市研究 培养城市规划人才［J］.城市规划研究，
1984（2）：1-4.

［131］颜德如，岳强.中国府际关系的现状及发展趋向［J］.学习与探索，2012（4）：
39-43.

［132］杨代福.中国政策网络研究及启示［J］.广东行政学院学报，2007（5）：92-96.

［133］杨宏山.府际关系论［M］.北京：中国社会科学出版社，2005.

［134］杨善华，苏红."从代理型政权经营者到谋利型政权经营者"——向市场经济转

型背景下的乡镇政权〔J〕.社会学研究，2002（1）：17–24.

［135］鄞益奋.利益多元抑或利益联盟——政策网络研究的核心辩解〔J〕.公共管理学报，2007（3）：43–49.

［136］姚华平.国家与社会互动：我国社会组织建设与管理的路径选择〔D〕.华中师范大学，2010：31–122.

［137］于常有.政策网络：概念、类型及发展前景〔J〕.行政论坛，2008（1）：54–58.

［138］于显洋.组织社会学〔M〕.北京：中国人民大学出版社，2009（8）：60–64.

［139］俞可平.治理与善治〔M〕.北京：社会科学文献出版社，2000.

［140］余建忠.政府职能转变与城乡规划公共属性回归——谈城乡规划面临的挑战与改革〔J〕.城市规划，2006（2）：26–30.

［141］余军，易峥.综合性空间规划编制探索——以重庆市城乡规划编制改革试点为例〔J〕.规划师，2009（10）：90–93.

［142］湛正群，李非.组织制度理论：研究的问题、观点与进展〔J〕.现代管理科学，2006（4）：14–16.

［143］张紧跟.府际治理：当代中国府际关系研究的新趋向〔J〕.学术研究，2013（2）：32–39.

［144］张紧跟.当代中国地方政府间关系：研究与反思〔J〕.武汉大学学报（哲学社会科学版），2009，62（4）：508–514.

［145］张景森.台湾的都市计划（1897—1988）〔M〕.台北：业强出版社，1997.

［146］张庭伟.规划理论作为一种制度创新——论规划理论的多向性和理论发展轨迹的非线性〔J〕.城市规划，2006（10）：9–18.

［147］张孝文.地方府际关系：中国区域经济发展中的重要关系〔J〕.甘肃理论学刊，2006（3）：88–91.

［148］张五常.先说来龙再论去脉〔EB/OL〕.2013–2–20. http://www. doc88. com/p-0048741238323. html.

［149］张月.理解法兰西学派的组织观〔M〕//〔法〕米歇尔·克罗齐耶 埃哈尔·费埃德伯格.行动者与系统——集体行动的政治学.张月等译.上海：上海人民出版社，2017：001–005.

［150］赵民."公共政策"导向下"城市规划教育"的若干思考〔J〕.规划师，2009（1）：17–18.

［151］赵民，林华.我国城市规划教育的发展及其制度化环境建设〔J〕.城市规划汇刊，

2001（6）：48-52.

[152] 赵民，乐芸.论《城乡规划法》"控权"下的控制性详细规划——从"技术参考文件"到"法定羁束依据"的嬗变[J].城市规划，2009（9）：24-30.

[153] 赵民，赵蔚.推进城市规划学科发展 加强城市规划专业建设[J].国际城市规划，2009（1）：25-29.

[154] 赵万民.新型城镇化与城市规划教育改革[J].城市规划，2014（1）：62-66.

[155] 周黎安.中国地方官员的晋升锦标赛模式研究[J].经济研究，2007（7）：37-50.

[156] 周三多，陈传明，鲁明泓.管理学——原理与方法（第五版）[M].上海：复旦大学出版社，2009.

[157] 周伟林.中国地方政府经济行为分析[M].上海：复旦大学出版社，1997.

[158] 周雪光，艾云.多重逻辑下的制度变迁：一个分析框架[J].中国社会科学，2010（4）：132-152.

[159] 周雪光.基层政府间的"共谋现象"——一个政府行为的制度逻辑[J].社会学研究，2008（6）：1-21.

[160] 周雪光.组织社会学十讲[M].北京：社会科学文献出版社，2003.

[161] 周一星.城市地理学[M].北京：商务印书馆，1995.

[162] 邹德侬.中国现代建筑史[M].天津：天津科学技术出版社，2001.

后　记

　　我生于 1970 年，按部就班接受各级教育，1988 年考入西安建筑科技大学建筑系（原名西安冶金建筑学院，简称"西冶"，是中国建筑"老八校"之一），西冶建筑系是提前确定的志愿，但稀里糊涂被录到城市规划专业，简称"城规 88"。当时完全不知道城市规划是什么，记住的第一句话是汤道烈教授说的："城市规划是一门科学。"很多年后，我才有能力颠覆这次专业教育留下的印记。

　　西冶建筑系的城市规划专业创办于 1986 年，我们是第三届本科生。大学四年基本是按照建筑学专业的培养方式接受的工科教育，大量课程与建筑学专业同步，不仅包括美术，建筑初步，小、中、大型公共建筑等一系列专业课，还有外国建筑史、建筑结构、建筑物理以及令人难忘的三大力学课。结构力学尤其印象深刻，授课老师是一位来自外系的女教授，第一节课的开场白是："建筑系的课没人愿意上，我是党员，只好我来了。"考试结束后，她果然毫不留情地让大约三分之一的同学不及格。当时大家都觉得应该以设计课为中心，当然也可以说是在为自己偷懒不用功找借口。不过设计课也确实占据了我们绝大部分学习时间。多年以后，虽然我没有成为建筑师，我还是由衷地佩服西冶的建筑学教育，尤其是在我自己当了多年高校教师，并且经历了不同学校的教学方式之后。评估其教学成效的简单标准就是，教学内容非常成体系，主次线清楚，各门课程之间紧密关联，教学质量高。在我离开学校若干年之后，基本上所有专业课程都给我留下或多或少的印象。我很感谢西冶建筑系的教育。

　　夸我的母校，一方面是感叹时代变迁，但更想表达的是，我在本科阶段没学明白什么是城市规划。然后我考上了研究生，成为老一辈建筑学和城市规划学者李觉教授的关门弟子。但研究生期间，更是完全与建筑学的学生混在一起上课，所以，毕业时还是没搞明白。不过当时西冶建筑系的另一位城市规划大家张缙学教授，在研究生课上讲授的关于地方性、社区与邻里等很具有人文主义色彩的知识，给我后来从事社区研究埋下了伏笔（令人遗憾的是，张老师在给我们这一届学生上完课之后，突然因病去世）。现在想来，其实，建筑院校的本科不太适合开设城市规划专业。而我的硕士生导师，也是西冶建筑系的城市规划三位大家之一的李觉教授，在我们还是本科生时就说过，建筑系的城市规划专业叫城市设计更准确。

　　毕业后我进入青岛建筑工程学院建筑系当老师。当时青岛建工建筑系刚把一批年轻老师派到东南大学进修硕士学位，急需师资。于是我从一年级的建筑初步到五年级的毕业设计，几乎带遍建筑学专业的所有设计课，把在西冶接受的教育再反哺给一茬又一茬的本科生。由于指导学生获得 UIA 国际建协大会的竞赛优胜奖，我在 1999 年 6 月到北京参加颁奖仪式。大会报告内容给我当头一棒，才发现自己一直在吃老本。反思之后决定考博士。机缘巧合，加上一番艰苦学习，我考上了北京大学城市与环境学系（原来的地理系），师从我国著名城市地理学家周一星教授。地理学开拓了我国城市规划实践体系中的区域规划领域，主要落实在城镇体系规划中，同时也具有综合性的分析视野。我后来总结，建筑学基础的城市规划，是站在地上看城市，地理学基础的城市规划，是飞在空中看城市。我的博士论文选择 1897～1937 年的青岛城市规划与城市发展为题，因为我一直困惑一个问题，就是城市规划到底有什么用？通过对青岛的研究，结合在北大学到的地理学知识，我得到了答案。同时，我也对中国城市规划思想的基础进行了思考。能做到这些，都有赖于北大。与西冶不同，北大不是给我具体的专业知识和技能训练，而是一种博大的兼容并包的胸怀和自由的氛围。在某种意义上，北大给了我思想上的启蒙。实在太喜欢北大了，于是又在北大做了两年博士后。与历史地理学韩光辉教授合作，以 1949～2004 年的北京城市发展与城市总体规划为例，继续研究中国现代城市规划的成长与演变。当时有了终于明白什么是城市规划的雄心壮志。

2006 年博士后出站时，赶上中国人民大学公共管理学院成立城市规划与管理系，于是我来到中国人民大学工作。当时感叹，这才真是人生难预料啊！

到人大后，我开始将城市规划体系与公共管理结合，这就是规划管理研究。本书可以说是我进入中国人民大学公共管理学院工作以后，从新的学科视角对城市规划的思考与研究成果的总结。在此期间，我有幸申请到两个国家自然科学基金面上项目，分别是"基于社会网络分析的规划管理研究"（2011—2013，项目编号：71073166）和"基于政策网络视角的城市战略性规划编制与实施体系研究"（2014—2017，项目编号：71373277）。在此特别感谢国家自然科学基金委管理学部对自由探索性课题的支持，以及对跨学科申请者的包容。中国人民大学公共管理学院不仅为我提供了向其他社会学科老师学习的机会，也给了相应的学科建设上的支持，加上宽松的文科院校的管理方式，让我能够持续地对学科发展进行思考。除此之外，我也承担了多个部委和地方的研究课题，为研究工作提供了调研机会。通过与地方规划管理部门工作人员的交流，我深入思考书本上的知识与现实工作的冲突，更深切了解到制度运行中的微妙变化，进而督促我再去寻找新的知识来回答这些问题。在涉猎了一些社会学、经济学、政治学等社会科学的书籍之后，我明白了杨绛先生曾经说过的话，你所有问题的根源都在于想的太多而书读的太少（大意）。作为工科生，我之前接受的训练确实以解决实际问题为主，以技术为王道。但城市规划早已超越技术层面，将其定位为公共政策是正确的，只是广大从业人员的知识体系并没有完全转变过来，这是其后我国城市规划管理在现实中面临困境的根本原因。我很幸运，公共管理这个更大的学科平台让我有机会从其他学科的视角审视我的专业。

书中各项研究工作中所收集的数据，伴随着2018年开始的新一轮机构调整，都已成为历史。新的时代背景下，虽然城市规划管理职能从住建部调整到自然资源部，但各地市政府的城市规划管理职能依然存在。如果借此机会，能够深刻反思专业未来发展方向，找到准确定位，那么不失学科之福。

如果本书能为今后的制度改革提供一点思路和借鉴，算是为我十多年的思考画上了圆满句号。如果不能，就当作一段历史的记录吧。我性格散漫，做事拖拉，本书最后成稿于2020年初的新冠肺炎疫情期间，全国都放慢了脚步。之前转型喊了很多年，因为这次疫情，可能终于要面对了。而我，除了终于把书稿完成，也立了新的目标。如此说来，本书又多了一层意义。

李东泉

2020 年 4 月 2 日